Kali Linux
无线渗透测试指南
（第3版）

Kali Linux Wireless
Penetration Testing
Beginner's Guide
Third Edition

[英] 卡梅伦·布坎南（Cameron Buchanan）
[印度] 维韦克·拉玛钱德朗（Vivek Ramachandran） 著

孙余强 王涛 译

人民邮电出版社
北京

图书在版编目（CIP）数据

Kali Linux无线渗透测试指南：第3版 / （英）卡梅伦·布坎南（Cameron Buchanan），（印）维韦克·拉玛钱德朗（Vivek Ramachandran）著；孙余强，王涛译. -- 北京：人民邮电出版社，2018.7
ISBN 978-7-115-48368-3

Ⅰ. ①K… Ⅱ. ①卡… ②维… ③孙… ④王… Ⅲ. ①Linux操作系统—指南 Ⅳ. ①TP316.85-62

中国版本图书馆CIP数据核字(2018)第095003号

版 权 声 明

◆ 著　　[英]卡梅伦·布坎南（Cameron Buchanan）
　　　　[印度]维韦克·拉玛钱德朗（Vivek Ramachandran）
　译　　　孙余强　王　涛
　责任编辑　傅道坤
　责任印制　焦志炜

◆ 人民邮电出版社出版发行　　北京市丰台区成寿寺路 11 号
　邮编　100164　电子邮件　315@ptpress.com.cn
　网址　https://www.ptpress.com.cn
　北京盛通印刷股份有限公司印刷

◆ 开本：800×1000　1/16
　印张：12.25　　　　　　　　　2018 年 7 月第 1 版
　字数：165 千字　　　　　　　2024 年 12 月北京第 20 次印刷
　著作权合同登记号　图字：01-2018-2762 号

定价：49.00 元
读者服务热线：(010)81055410　印装质量热线：(010)81055316
反盗版热线：(010)81055315
广告经营许可证：京东市监广登字 20170147 号

内容提要

    本书是无线领域渗透测试的入门指南，针对 Kali Linux 2017.3 版本进行了全面更新，旨在帮助读者认识与无线网络有关的各种安全漏洞，以及如何通过渗透测试来发现并堵住这些漏洞。

    本书共分为 11 章，内容包括如何利用现成的硬件和开源软件搭建无线网络测试环境、WLAN 及其固有的安全隐患、规避 WLAN 验证的方法、认识 WLAN 加密的缺陷、如何利用这些缺陷搞定 WLAN 加密、如何对 WLAN 基础设施进行渗透测试，以及如何发动各种无线客户端攻击来破坏网络安全。此外，还介绍了当今最前沿的无线攻击手段、KRACK 攻击的新方法、攻击 WPA-Enterprise 和 RADIUS、WLAN 渗透测试的原理，以及 WPS 暴力攻击和探测嗅探攻击。

    本书适合对无线渗透测试感兴趣，且具备无线网络基础知识的读者阅读。

关于作者

  Cameron Buchanan 是一位渗透测试从业人员兼业余作家，为世界各地各行各业的许多客户进行过渗透测试工作。之前，Cameron 曾是英国皇家空军（RAF）的一员。在闲暇之余，他喜欢干一些"蠢事"，比如，试图让某些东西飞起来、触电，以及在冰水里泡澡。他已婚，居于伦敦。

  Vivek Ramachandran 自 2003 年以来，一直从事 WiFi 安全相关的工作。他发现了 Caffe Latte 攻击，破解了 WEP Cloaking（一种 WEP 保护方案），并于 2007 年公开发布在 DEF CON 上。2011 年，他又首次演示了如何使用恶意软件通过 WiFi 来创建后门程序、蠕虫病毒甚至是僵尸网络。

  之前，Vivek 效力于 Cisco 公司，任 6500 Catalyst 系列交换机 802.1x 协议和端口安全特性的程序员一职，他还是在印度举办的微软安全大赛（Microsoft Security Shootout）的获奖者之一。他作为 SecurityTube.net 的创始人，在黑客社区声名显赫，并经常发布各种与 WiFi 安全、汇编语言、攻击技巧有关的视频。SecurityTube.net 每个月的独立用户访问量都能突破 10 万。

  Vivek 在无线安全方面的成就得到了多家媒体（BBC Online、InfoWorld、MacWorld、The Register 和 IT World Canada 等）的报道。今年，他将在多场安全会议（Blackhat、DEF CON、Hacktivity、44con、HITB-ML、BruCON Derbycon、Hashdays、SecurityZone 和 SecurityByte 等）上发言并进行培训工作。

关于审稿人

Daniel W. Dieterle 是一名蜚声国际的安全作家、研究人员和技术编辑。他拥有 20 年以上的 IT 从业经验，为数百家大大小小的公司或企业提供过各种各样的安全支持和服务。Daniel 负责 Cyber Arms 安全博客的运行并积极发帖，同时还参与物联网项目。

前言

当今世界，无线网络无处不在。全球每天都有无数人在家、在办公室或通过公共热点（public hotspot）用无线网络登录 Internet，处理公、私事宜。无线网络虽然让生活变得更加轻松写意，赋予人们极高的机动性，但同时也带来了风险。近来，时常有人钻不安全的无线网络的空子入侵公司、银行以及政府机构。此类攻击的频率还在不断加剧，因为很多网络管理员都不懂如何以健壮而又万无一失的方法加固无线网络。

本书旨在帮助读者认识与无线网络有关的各种安全漏洞，以及如何通过渗透测试来发现并封堵这些漏洞。对于那些希望在无线网络安全审计方面有所作为，同时需要得到一步步实践指导的读者而言，本书属于必读书籍。本书会先解释每一种无线攻击手法，然后再用实例加以演示，通读本书，读者的所学必将圆满。

本书选用 Kali Linux 为平台来演示本书所有的无线攻击场景。正如读者所知，Kali Linux 是世上最受欢迎的渗透测试 Linux 发行版。它集成了数百种安全及黑客工具，本书会用到其中的某些工具。

本书的内容

第 1 章，"搭建无线实验环境"，教读者如何使用现成的硬件和开源软件，搭建无线网络测试实验环境。为了试水本书记载的几十个实验场景，需要先搭建好一个无线网络实验环境。本章首先列出了硬件需求，包括无线网卡、天线、接入点（AP）以及其他支持 WiFi 功能的设备。然后，将重点转移到软件需求上，包括操作系统、WiFi 驱动程序以及相关的安全工具。最后，会介绍如何针对书中的实验搭建测试无线网络平台，以及如何借助该平台来验证各种无线配置。

第 2 章，"WLAN 及其固有的隐患"，会重点讨论无线网络固有的设计缺陷，这样的无线网络一般都是由开箱即用的不安全网络设备搭建而成的。本章将首先借助于一款名为 Wireshark 的网络分析软件，引领读者简要回顾一下各种 802.11 WLAN 协议。这会让读者对这些协议的运作方式有一个实际的了解。最重要的是，一旦认识了管理、控制以及数据帧，理解无线客户端和 AP 在数据包层面上的通信方式自然也不在话下。然后，会教读者如何在无线网络中注入以及从中捕获数据包，同时会介绍一些执行相关任务的工具。

第 3 章，"规避 WLAN 验证"，揭示了破坏 WLAN 验证机制之法！本章会详细探讨攻陷开放验证和共享密钥验证的方法。在做相关实验的过程中，读者能学习到如何分析无线数据包，并借此弄清无线网络的身份验证机制。本章还会讲解如何攻陷隐藏了 SSID 以及开启 MAC 过滤功能的无线网络。隐藏 SSID 及开启 MAC 过滤这两种手段可使无线网络更为隐蔽，难以渗透，网管人员也经常使用，但规避起来也很容易。

第 4 章，"WLAN 加密漏洞"，描述了 WLAN 协议中最脆弱的一环，即加密方法——WEP、WPA 和 WPA2。在过去十多年里，黑客们在这些加密方法中发现了多处缺陷，编写了多款可公开获取的软件来破解这些方法及解密数据。而且，即便 WPA/WPA2 在设计上非常安全，但配置错误也会导致安全漏洞，使其被轻易攻陷。本章可让读者认识每种加密方法的安全隐患，会通过某些实操来演示如何攻陷这些加密方法。

第 5 章，"攻击 WLAN 基础设施"，重点关注 WLAN 基础设施的漏洞。本章探讨由配置和设计问题而引发的漏洞，还会以实操的方式来演示攻击，涉及 AP MAC 欺骗攻击、evil twin 攻击、无赖 AP 攻击以及拒绝服务攻击。本章将帮助读者深入了解如何对 WLAN 基础设施进行渗透测试。

两种新型攻击手段——WPS 暴力攻击（WPS brute-force）和以监控为目的的探测嗅探攻击（probe sniffing for monitoring）。

本书的阅读准备

要想弄清并再现本书记载的各种实操场景，读者需要准备好两台配有内置 WiFi 网卡的笔记本电脑、一块 USB 无线 WiFi 适配器、Kali Linux 系统以及某些其他的软硬件，详情请见第 1 章。

当然，也可以在一台安装了 Windows OS 的笔记本上创建一台容纳 Kali Linux 的虚拟机，用 USB 接口将 WiFi 网卡配备给该虚拟机。如此一来，就不再需要两台笔记本电脑了。这可以让读者更快地使用本书来学习，但强烈建议使用运行 Kali Linux 的专用电脑来完成实操场景。

读者应具备无线网络的基础知识，包括对事关 802.11 协议和无线客户端/AP 通信的基本认知，这也是阅读本书的前提条件。哪怕读者已经掌握了上述概念，本书在搭建实验环境的内容里，还是会简单介绍一些这方面的内容。

本书的读者对象

本书适合各种水平的读者阅读，无论读者是业余水平还是无线网络安全专家，都能从本书受益。本书从最简单的攻击开始讲解，然后会解释较为复杂的攻击，最后还会探讨最前沿的攻击和研究成果。由于本书通过实操来解释所有攻击，所以无论读者是何等水平，都能很容易地掌握如何独自发动攻击。请注意，本书虽然着重介绍如何针对无线网络发动各种攻击，但真正的意图是引领读者成为无线网络渗透测试人员。身为一名称职的渗透测试人员，不但要能理解本书提及的所有攻击，而且如果客户提出请求，还能轻松地加以演示。

免责申明

　　本书只做教学之用，旨在帮助读者测试自用系统，以应对信息安全威胁，并保护自用 IT 基础设施免受类似攻击。对本书所授内容的不当使用所导致的一切后果，人民邮电出版社、Packt 出版社及作译者不承担任何责任。

资源与支持

本书由异步社区出品，社区（https://www.epubit.com/）为您提供相关资源和后续服务。

提交勘误

作者和编辑尽最大努力来确保书中内容的准确性，但难免会存在疏漏。欢迎您将发现的问题反馈给我们，帮助我们提升图书的质量。

当您发现错误时，请登录异步社区，按书名搜索，进入本书页面，点击"提交勘误"，输入勘误信息，点击"提交"按钮即可。本书的作者和编辑会对您提交的勘误进行审核，确认并接受后，您将获赠异步社区的 100 积分。积分可用于在异步社区兑换优惠券、样书或奖品。

扫码关注本书

扫描下方二维码，您将会在异步社区微信服务号中看到本书信息及相关的服务提示。

与我们联系

我们的联系邮箱是 contact@epubit.com.cn。

如果您对本书有任何疑问或建议，请您发邮件给我们，并请在邮件标题中注明本书书名，以便我们更高效地做出反馈。

如果您有兴趣出版图书、录制教学视频，或者参与图书翻译、技术审校等工作，可以发邮件给我们；有意出版图书的作者也可以到异步社区在线提交投稿（直接访问 www.epubit.com/selfpublish/submission 即可）。

如果您是学校、培训机构或企业，想批量购买本书或异步社区出版的其他图书，也可以发邮件给我们。

如果您在网上发现有针对异步社区出品图书的各种形式的盗版行为，包括对图书全部或部分内容的非授权传播，请您将怀疑有侵权行为的链接发邮件给我们。您的这一举动是对作者权益的保护，也是我们持续为您提供有价值的内容的动力之源。

关于异步社区和异步图书

"异步社区"是人民邮电出版社旗下 IT 专业图书社区，致力于出版精品 IT 技术图书和相关学习产品，为作译者提供优质出版服务。异步社区创办于 2015 年 8 月，提供大量精品 IT 技术图书和电子书，以及高品质技术文章和视频课程。更多详情请访问异步社区官网 https://www.epubit.com。

"异步图书"是由异步社区编辑团队策划出版的精品 IT 专业图书的品牌，依托于人民邮电出版社近 30 年的计算机图书出版积累和专业编辑团队，相关图书在封面上印有异步图书的 LOGO。异步图书的出版领域包括软件开发、大数据、AI、测试、前端、网络技术等。

异步社区

微信服务号

目录

第 1 章
搭建无线实验环境

鄙人要想花 8 小时砍一棵树，绝对会先用 6 小时来磨斧子。

——美国总统

亚伯拉罕·林肯

每一次的成功，都要花无数的时间来准备，无线渗透测试也不例外。本章将介绍如何搭建一个为本书所用的无线实验环境。在进行真正的实战渗透测试之前，请读者先把这个实验环境当成演练的舞台！

无线渗透测试非常讲究实战，很有必要先搭建一个实验环境，在这里面，可以安全及可控的方式试水所有不同的攻击实验。讲解本书的攻击之前，必须先搭建出这样一个实验环境。

本章涵盖以下内容：

- 软硬件需求；

- 安装 Kali Linux；

- 安装并配置接入点（AP）；

- 安装无线网卡；

- 笔记本电脑和 AP 之间的连通性测试。

现在开始本章的讲解！

1.1　硬件需求

搭建无线实验环境需要准备的硬件如下所列。

- **两台配备了内置 WiFi 网卡的笔记本电脑**：将使用其中一台笔记本电脑作为实验环境中的受攻击主机，另一台则用作安装渗透测试程序的攻击主机。虽然几乎所有的笔记本电脑都能胜任这样的功能，但还是希望能配备至少 3 GB 的 RAM，因为在实验中可能会运行很多耗费内存的软件。

- **一块无线网络适配器（可选）**：或许还得准备一块 USB WiFi 网卡，此卡要能在 Kali Linux 中支持数据包的注入和嗅探。具体需不需这样一块网卡，要视笔记本电脑配备的无线网卡而定。Alfa Networks 公司出品的 Alfa AWUS036H 无线网卡无疑是最好的选择，因为 Kali Linux 默认支持这种网卡。此卡在网上有售，写作本书之际，其售价为 18 英镑。也可以选择 Edimax EW-7711UAN 无线网卡，其在外观上要小巧一些，价格也更便宜。

- **一台 AP**：可购买任何一款支持 WEP/WPA/WPA2 加密标准的 AP。本书将使用 TP-LINK TL-WR841N 无线路由器来作为 AP 进行实操演示。写作本书之际，只要花 20 英镑就可以购得这款设备。

- **一条宽带上网线路（An internet connection）**：用于进行研究、下载软件以及进行某些实验。

1.2　软件需求

搭建无线实验环境需要准备的软件如下所列。

- **Kali Linux**：该软件是开源软件，可以从其官方站点下载。

- **Windows XP/Vista/7/10**：需要在其中一台笔记本电脑上安装 Windows XP、Windows Vista、Windows 7 或 Windows 10 中的任何一种 OS。在本书的其余内容里，这台笔记本电脑将作为受攻击主机。

 请注意，虽然本书采用基于 Windows 的操作系统进行测试，但所传授的技术同样适用于任何支持 WiFi 联网的设备，比如，智能手机和平板电脑等。

1.3　安装 Kali

先来快速浏览一遍如何安装及运行 Kali。

Kali 将安装在其中一台笔记本电脑上，在本书的其余内容里，这台电脑将作为渗透测试主机。

1.4　动手实验——安装 Kali

Kali 安装起来并不难。本书的安装方法是将先 Kali 作为 Live DVD 来引导并运行，再将其安装在硬盘上。

请按以下步骤执行安装。

1. 将下载好的 Kali ISO（本书使用的是 Kali 32 位 ISO）刻录至可作为启动盘来引导的 DVD 光盘上。

2. 用此 DVD 光盘来引导笔记本电脑，出现引导界面以后，从 **Boot menu** 中选择 **Install** 选项，如图 1.1 所示。

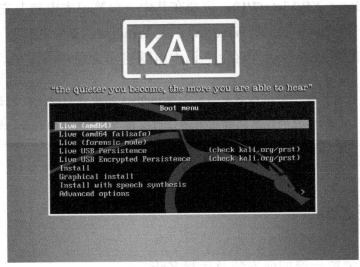

图 1.1

3. 如果引导成功，应该会出现一个看起来很漂亮的复古界面，如图 1.2 所示。

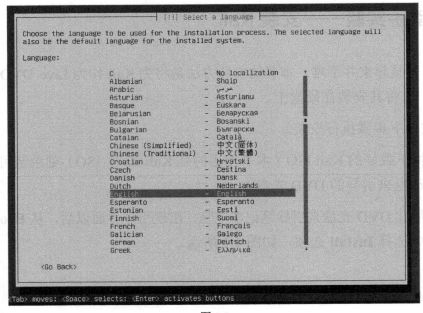

图 1.2

4. Kali 的安装程序跟大多数 Linux 系统基于 GUI 的安装程序很像，安装起来非常简单。在每个界面上选择正确的选项，就可以开始安装了。安装完毕后，要根据提示重启电脑，取出 DVD。

5. 电脑重启之后，会出现登录界面。请以 root 用户登录，密码是在安装过程中输入的密码。现在，读者应该已经登录进刚安装好的 Kali Linux 系统了。恭喜！

6. 登录系统以后，作者会更改桌面主题，同时还会针对本书做一些系统设置。读者可根据自己的意愿设置桌面主题和颜色！

实验说明

截至目前，已在一台笔记本电脑上成功安装了 Kali！这台笔记本电脑将作为本书其他所有实验的渗透测试主机。

尝试突破——在 VirtualBox 里安装 Kali

也可以在 VirtualBox 等虚拟化软件里安装 Kali。要是读者不想让 Kali Linux 独占一整台笔记本电脑，这是最好的安装方式。Kali 在 VirtualBox 里的安装过程也与之前所述完全一样。唯一的区别是安装之前的准备工作，需要在 VirtualBox 中进行一番设置。读者可用 VirtualBox 来自行试水 Kali 的安装！

还有一种安装和使用 Kali 的方法是利用 USB 驱动器。要是读者不想将 Kali 安装在硬盘上，但是仍想永久性地存储 Kali 实例的数据（比如，脚本和新工具等），就需要使用这种安装方法。作者也鼓励读者去尝试安装一下！

1.5   设置 AP

现在进行 AP 的设置工作。如前所述，本书会用 TP-LINK TL-WR841N 无线路由器作为无线 AP，来完成所有实验。当然，也可以使用任何其他品牌的无线路由器来作为无线 AP。操作和使用方面的基本原则全都相同。

1.6　动手实验——配置无线 AP

先将无线 AP 设置为使用开放认证（**Open Authentication，OAuth**），将无线网络的 SSID 设置为 Wireless Lab。

设置步骤如下所示。

1. 给 AP 加电，用网线将一台笔记本电脑连接到 AP 的以太网端口之一。

2. 在笔记本电脑的浏览器中输入 AP 的管理 IP 地址。对于 TP-Link 无线路由器，该 IP 地址默认为 192.168.1.1。读者应查阅自购的无线路由器的说明书，来确定其管理 IP 地址。要是没有无线路由器的说明书，则可执行 route -n 命令来查看这一 IP 地址。该命令输出中的网关 IP 地址通常就是宽带路由器的管理 IP。一旦在浏览器里连接这一 IP 地址，将会看到一个类似于 **TP-LINK TLWR841N** 无线路由器的配置门户，如图 1.3 所示。

图 1.3

3. 登录进该门户以后，就可以查看并更改 AP（宽带路由器）的各种设置，包括重新配置无线网络的 SSID。

4. 将 SSID 更改为 Wireless Lab。更改之后，取决于不同的 AP，可能需要重启才能生效。

5. 请找到与 **Wireless Security**（无线安全）有关的设置，点选 **Disable Security**（禁用安全）选项，如图 1.4 所示。"禁用安全"表示该 AP 启用的是开放验证模式。

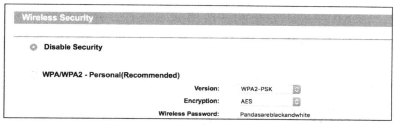

图 1.4

6. 保存 AP 的配置，重启 AP（如有必要）。现在，这个 AP 应该可以对外公布一个 SSID 为 Wireless Lab 的无线网络了。

验证上述配置任务的方法非常简单，只需打开另外一台安装 Windows OS 的笔记本电脑，使用 Windows 自带的无线配置实用程序，观察可供连接的无线网络列表，看看其中有没有 Wireless Lab。在列表里应该能够看见 Wireless Lab，如图 1.5 所示。

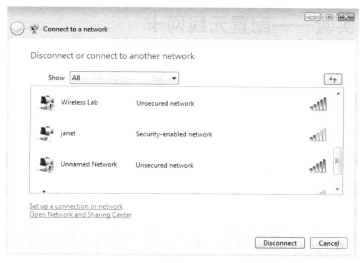

图 1.5

实验说明

之前已经成功配妥了一台 SSID 为 Wireless Lab 的 AP。该 AP 正在广播自己的存在，其射频（RF）范围内的那台安装了 Windows OS 的笔记本电脑（以后简称 Windows 主机）以及其他无线设备都可以检测到它。

请注意，该 AP 在最不安全的开放模式下运行。建议暂时不要将此 AP 与 Internet 线路互连，因为其 RF 范围内的任何无线设备都可以使用它来蹭网。

尝试突破——配置 AP，启用 WEP 和 WPA

请读者多找找 AP 的其他配置选项，尝试开启并使用 AP 的 WEP 和 WPA/WPA2 等加密功能。后文会介绍如何攻击运行于各种加密模式的 AP。

1.7　设置无线网卡

设置无线网卡要比设置 AP 容易得多。Kali 支持 Alfa AWUS036H 无线网卡的“开箱即用”，并且自带了所有为数据包注入和嗅探所必备的设备驱动程序。

1.8　动手实验——配置无线网卡

需要在用来执行渗透测试的笔记本电脑（以后简称渗透测试主机）上启用并设置无线网卡。

设置步骤如下所列。

1. 将无线网卡插入安装了 Kali Linux 的笔记本电脑（以后简称 Kali 主机或渗透测试主机）上的一个 USB 接口，启动该笔记本电脑。登录后，打开控制台终端窗口，输入并执行 iwconfig 命令，如图 1.6 所示。

   由图 1.6 可知，wlan0 是（Kali）为无线网卡创建的无线接口。执行 ifconfig wlan0 up 命令，即可激活该接口。然后，可执行

`ifconfig wlan0` 命令，来查看接口的当前状态，如图 1.7 所示。

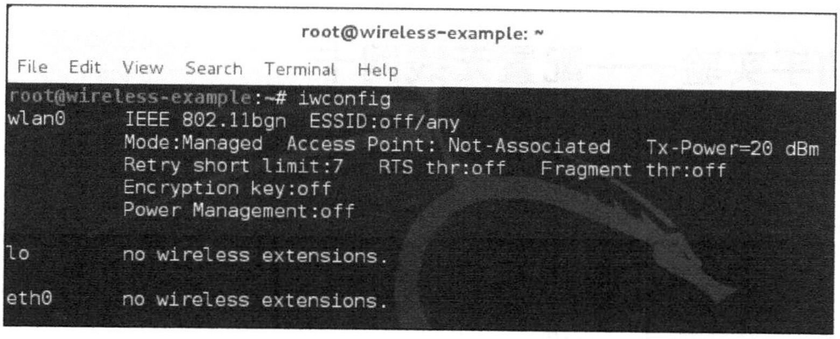

图 1.6

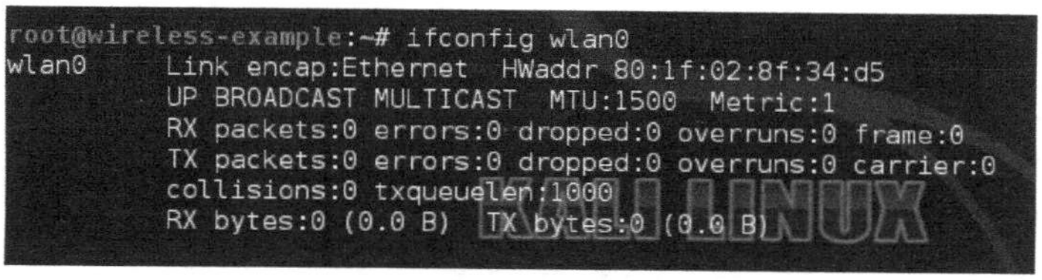

图 1.7

2. 写入 Alfa 无线网卡的 MAC 地址看起来应该近似于 `00:c0:ca:3e:bd:93`。作者使用的是 Edimax 无线网卡，其 MAC 地址为 `80:1f:02:8f:34:d5`，如图 1.7 所示。执行上述检查的目的是，确保 Kali Linux 的无线接口已正确激活。

实验说明

Kali Linux 默认自带 Alfa 和 Edimax 网卡所需的所有驱动程序。一旦系统引导完毕，就能识别网卡，为其分配网络接口 `wlan0`。现在，无线网卡已经激活并且可以正常运作。

1.9 连接 AP

接下来，该看看如何用无线网卡来连接 AP 了。AP 的 SSID 为 `Wireless`

Lab，未启用任何身份验证机制。

1.10　动手实验——配置无线网卡

将无线网卡连接到 AP 的步骤如下所列。

1. 先了解一下无线网卡当前检测到的无线网络。执行无线网络扫描命令
   `iwlist wlan0 scanning`，其输出将会列出无线网卡检测到的周
   边所有无线网络，如图 1.8 所示。

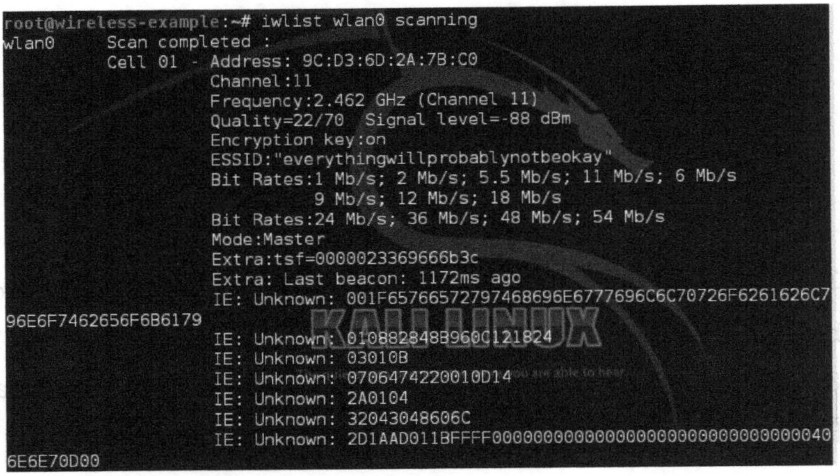

图 1.8

向下滚动鼠标滑轮，应该能够看到无线网络 `Wireless Lab`。按照
作者的设置，该无线网络被检测为 `Cell 05`，可能跟读者的不同。
命令输出中的 `ESSID` 字段包含的是无线网络的名称。

2. 由于可为多个 AP 配置相同的 SSID，因此需要通过上述命令输出中的
   `Address` 字段，来判断是否与正确的 AP 的 MAC 地址匹配。在 AP
   （TP-LINK 宽带路由器）的背面，或通过基于 Web 的 GUI 配置界面都
   可以很容易地看到其 MAC 地址。

3. 接下来，请先执行 `iwconfig wlan0 essid "Wireless Lab"` 命令，然后再执行 `iwconfig wlan0` 命令来检查无线接口的状态。若已成功连接 AP，在 `iwconfig` 命令的输出中的 `Access Point` 字段里，应该能够看到 AP 的 MAC 地址。

4. 如读者所知，AP 的说明书里会列出其管理接口的 IP 地址 `192.168.0.1`。此外，还可以在连接到 AP 的 Kali 主机上执行 `route -n` 命令，观察命令输出中默认路由器的 IP 地址，该 IP 地址一般就是 AP 的管理接口的 IP 地址。作者执行 `ifconfig wlan0 192.168.0.2 netmask 255.255. 255.0 up` 命令，为 Kali Linux 主机的 `wlan0` 接口配置了一个 IP 地址，该 IP 与 AP 的管理 IP 隶属同一个 IP 子网。执行 `ifconfig wlan0` 命令，检查其输出，即可验证 IP 地址是否配置成功。

5. 在 Kali Linux 主机上执行 `ping 192.168.0.1` 命令来 ping AP，如图 1.9 所示。若网络连接设置正确，则应该可以 ping 通。还可以执行 `arp -a` 命令，验证 AP 的 MAC 地址。透过该命令的输出，应该可以看到 IP 地址为 `192.168.0.1` 的设备的 MAC 地址，这正是前文提到的 AP 的 MAC 地址。请注意，某些新款 AP 可能不会对 **Internet 控制消息协议（ICMP）** echo request 数据包做出任何回应，因此也就 ping 不通其管理地址了。如此行事是为了提升安全性，确保设备在开箱时的配置最小化。对于这样的 AP，则需要启动浏览器访问其 Web 管理界面，来验证无线连接是否正常。

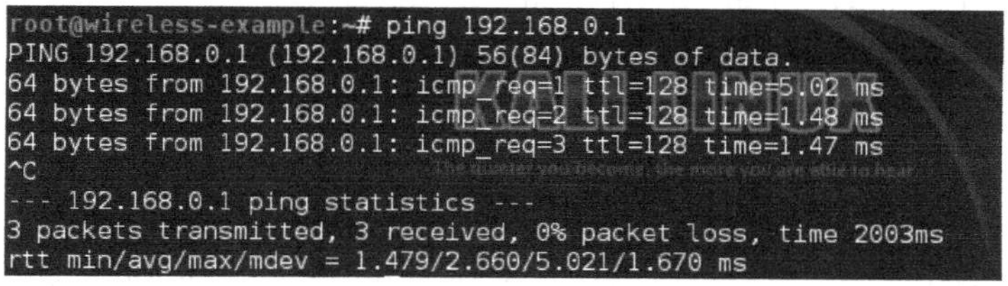

图 1.9

6. 登录 AP，可以通过查看系统日志来了解无线网络的连接情况。由

图 1.0 所示的日志内容可知，AP 已经收到了 MAC 地址为 `4C:0F:6E:70:BD:CB` 的无线网卡发出的 DHCP 请求。

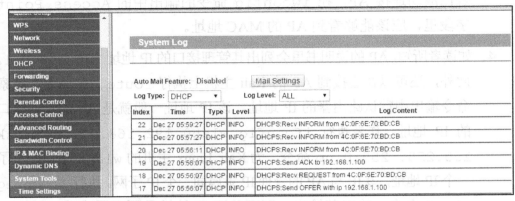

图 1.10

实验说明

之前，作者展示了如何使用无线网卡作为无线设备，让 Kali Linux 主机成功连接至 AP。此外，还传授了如何在无线客户端和 AP 上了解无线网络的连接情况。

尝试突破——在 WEP 模式下建立无线网络连接

这是一个有点难度的实验：在 AP 上开启 WEP 模式。请读者尝试在该模式下，用无线网卡与 AP 建立连接。

提示：可执行 `man iwconfig` 命令，查看 `iwconfig` 命令的帮助手册，来获知如何在 WEP 模式下配置无线网卡。

随堂测验——基本知识的掌握

Q1. 如何凭借 `ifconfig wlan0` 命令的输出，来判断 Kali Linux 主机的无线网卡是否已被激活，能否正常运作？

Q2. 可单独使用 Kali live CD 来完成所有实验吗？可以不把 CD 里的东西

安装进硬盘吗？

> Q3．透过 `arp -a` 命令的输出，能获悉什么样的信息？

> Q4．在 Kali Linux 中应使用什么样的工具来连接 WPA/WPA2 网络？

1.11 总结

本章详述了如何搭建本书必备的无线网络实验环境。在搭建过程中，向读者传授了下述知识。

- 如何在硬盘上以及如何通过其他安装方法（比如，虚拟机和 USB 驱动器）安装 Kali Linux。

- 如何通过 Web 界面配置 AP。

- 使用哪些命令来配置并启用无线网卡。

- 如何验证无线客户端和 AP 之间的连接状态。

在配置系统时，读者一定要有信心，这非常重要。要是读者的信心还不够，请回过头多看几遍前文所举示例。在本书后面的内容里，读者还将面对更为复杂的场景。

下一章，读者会了解到 WLAN 设计中与生俱来的安全隐患。作者将借助于网络分析工具 Wireshark，以实操的方式帮助读者理解这些概念。

第 2 章
WLAN 及其固有的隐患

只有地基挖得深，房子才能盖得高。

——托马斯·坎佩斯

基础不牢，万事难立。用安全的行话来讲，要是有一个系统天生就有许多安全隐患，那么建在其上的任何东西都安全不到哪里去。

WLAN 在设计上就存在许多安全隐患，很容易为歹人所乘，比方说，极易遭受数据包欺骗、数据包注入以及嗅探攻击（这些攻击甚至能在很远的地方发起）。本章将探讨 WLAN 固有的安全隐患。

本章介绍的内容包括：

- 重温 WLAN 帧；
- 帧的各种类型和子类型；
- 用 Wireshark 来抓取管理、控制和数据帧；
- 抓取某特定无线网络的数据包；
- 将数据包注入某特定无线网络。

开始学习吧！

2.1 重温 WLAN 帧

由于本书涉及无线网络安全,因此假定读者已经对无线网络协议和相关数据包的头部有基本的认知。如果不是这样,或读者接触无线网络已经有了一段时间,也可以借机来重温相关主题。

这就来快速重温读者可能已经了解的事关 WLAN 的某些基本概念。在WLAN 中,设备之间要靠帧来通信,帧的结构如图 2.1 所示。

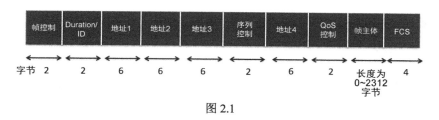

图 2.1

"帧控制"字段的结构本身就非常复杂,如图 2.2 所示。

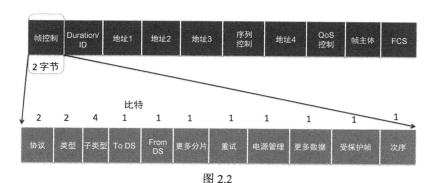

图 2.2

"类型"字段定义了三种 WLAN 帧,如下所示。

- **管理帧**:负责维护 AP 和无线客户端之间的通信。管理帧可分为若干子类型,如下所示。

    - 认证

- 解除认证

- 关联请求

- 关联响应

- 重新关联请求

- 重新关联响应

- 解除关联

- 信标（Beacon）

- 探测请求

- 探测响应

● **控制帧**：负责确保 AP 和无线客户端之间正确的数据交换。控制帧也可划分为若干子类型，如下所示。

- 请求发送（RTS）

- 清除发送（CTS）

- 确认（ACK）

● **数据帧**：承载着无线网络中穿梭往来的实际数据。数据帧没有子类型。

后文在讨论不同的攻击时，还会细谈以上每一种 WLAN 帧的安全要义。

来看一下如何在无线网络中用 Wireshark 抓取这些帧。当然，使用其他的工具（比如，Airodump-NG、Tcpdump 或 Tshark）也无不可。虽然本书大多时候都用 Wireshark 来抓包，但也鼓励读者研究其他抓包工具。抓包的第一步是要让（行使抓包功能的设备的）接口在监控模式下运行。为此，需要为笔记本电脑的无线网卡创建一个接口，使其可以接收到在空气中传播的所有无线帧，不管帧的实际归宿是不是该接口。对有线网络而言，这种接口所处的监控模式俗称混杂模式（promiscuous mode）。

2.2　动手实验——创建运行于监控模式的接口

这就将无线网卡设置为在监控模式下运行。

请按以下步骤行事。

1. 启动配备了无线网卡的 Kali Linux 主机。进入终端控制台，执行 `iwconfig` 命令，确认系统是否已检测到无线网卡，能否正确加载网卡驱动程序，如图 2.3 所示。

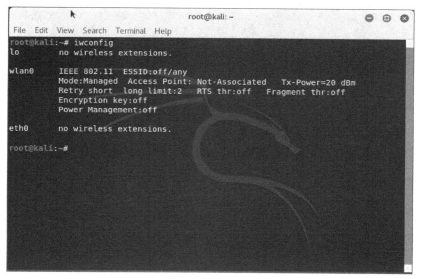

图 2.3

2. 执行 `ifconfig wlan0 up` 命令，激活无线网卡（命令输出中的 wlan0 就是无线网卡）。执行 `ifconfig wlan0` 命令，验证无线网卡是否已被激活。若在该命令的输出中能看见 UP 字样，就表示已经激活了无线网卡，如图 2.4 所示。

3. 要让无线网卡在监控模式下运行，还得使用 Kali Linux 默认提供的 `airmon-ng` 工具。请执行 `airmon-ng` 命令，来验证系统是否已检

测到可用的无线网卡。在该命令的输出中，应该能够看到接口 wlan0
或 wlan1，如图 2.5 所示。

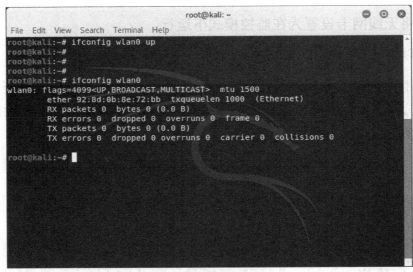

图 2.4

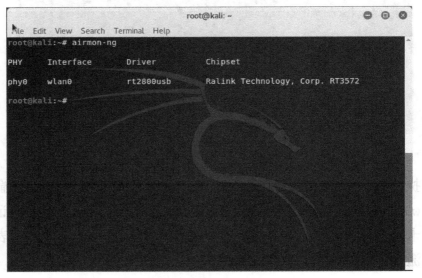

图 2.5

4. 执行 airmon-ng start wlan0 命令，创建与 wlan0 设备相对应

的监控模式接口。这一处于监控模式的新接口会被命名为 `wlan0mon`
（可执行不带任何参数的 `airmon-ng` 命令，来验证监控模式接口是
否已经创建），如图 2.6 所示。

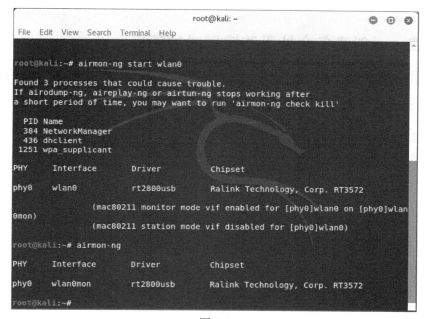

图 2.6

5. 执行 `ifconfig wlan0mon` 命令，观察其输出，应该可以看到一个
   名为 `wlan0mon` 的新接口，如图 2.7 所示。

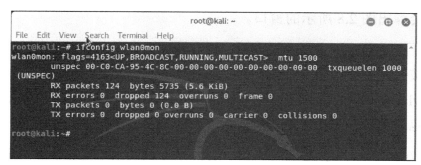

图 2.7

实验说明

之前，已经成功创建了一个监控模式接口，名为 wlan0mon。该接口用来捕捉在空气中穿行的无线数据包。该接口基于无线网卡创建而成。

尝试突破——创建多个处于监控模式的接口

可用同一块物理无线网卡去创建多个处于监控模式的接口。请读者试着使用 airmon-ng 实用工具来执行该操作。

太好了！监控模式接口总算创建妥当，可以坐等读取流淌于空气中的数据包了。抓包行动可以开始。

下一个实验会借助于 Wireshark，通过之前创建的监控模式接口 wlan0mon，来抓取过往于空气的数据包。

2.3　动手实验——抓取无线数据包

抓包步骤如下所列。

1. 为在第 1 章里就配置妥当的 **AP　Wireless Lab** 加电。

2. 在 Kail Linux 主机的终端控制台里输入 Wireshark &命令，启动 Wireshark 程序。Wireshark 主窗口弹出之后，请点击 **Capture |Options**，会弹出图 2.8 所示的窗口。

3. 在 Interface 一栏下，先选中 wlan0mon，再点击窗口右下角的 **Start** 按钮，选择用 wlan0mon 接口抓包，会弹出图 2.9 所示的 Capture from wlan0mon 窗口。当 Wireshark 开始抓包时，应该能够在 Wireshark 抓包主窗口中看见抓到的数据包了。

4. Wireshark 抓包主窗口中显示的都是无线网卡隔空捕获的数据包。要想查看任何一个数据包的内容，请先在窗口顶部的数据包列表区域中选中，再到窗口中间的数据包内容区域查看，如图 2.10 所示。

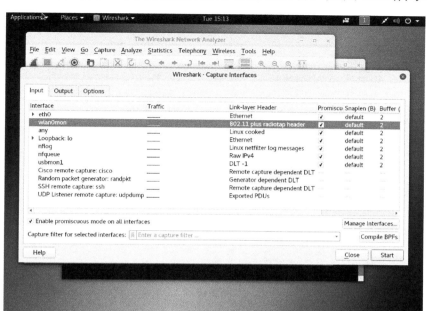

图 2.8

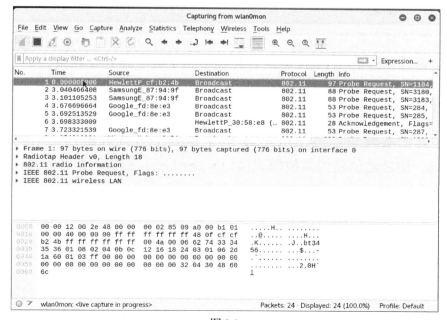

图 2.9

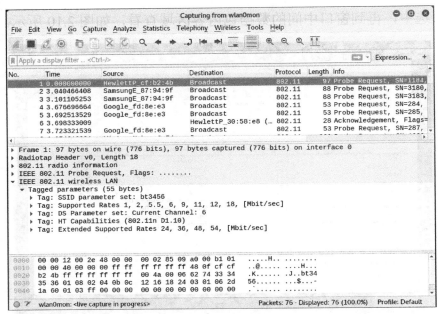

图 2.10

点击 **IEEE 802.11 Wireless LAN** 管理帧前面的小三角形，即可展开并查看该帧额外的信息。

请读者仔细查看 Wireshark 抓到的数据包的不同头部字段，并将这些头部字段与之前介绍过的 WLAN 帧的各种类型和子类型建立起联系。

实验说明

在之前的实验里，用 Wireshark 隔空抓到了首批数据包！咱们启动了 Wireshark，用之前创建的监控模式接口 wlan0mon 抓包。读者应该已经注意到，通过查看 Wireshark 抓包窗口底部的状态栏区域，可以了解到抓包的速度以及已经抓到的数据包的数量。

尝试突破——发现其他的设备

Wireshark 留痕（Wireshark trace）所保存的数据包的数量有时可能会让读者望而生畏；对一个使用人数众多的无线网络而言，可能会抓到几千个数据包。因此，重要的是要能从中挖掘出那些对自己有用的数据包。这可以通过在 Wireshark 中输入过滤器（过滤表达式）来完成。读者需要学会如何使用过滤器在（包括了 AP 和无线客户端发出的数据包的）Wireshark 留痕中精确"定位"某台无线设备。

要是读者现在还做不到这些，请不要担心，这是下一节将要讲解的内容。

2.4 动手实验——观看管理、控制及数据帧

本节将学习如何在 Wireshark 留痕中应用过滤器，来筛选并观看管理、控制和数据帧。

具体的操作步骤如下所列。

1. 要想让 Wireshark 只显示所抓数据包中的所有管理帧，请在过滤器窗口中输入过滤表达式 `wlan.fc.type == 0`，然后按回车键，如图 2.11 所示。要是不想让 Wireshark 抓包主窗口的数据包列表区域向下滚动的过快，可以先停止抓包。

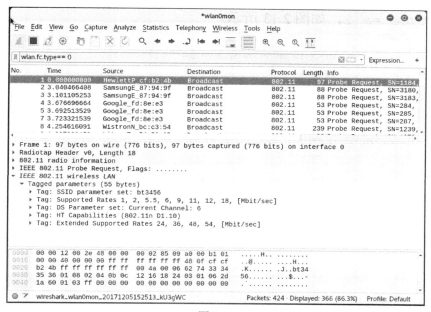

图 2.11

2. 要是只想筛选并查看控制帧，请将过滤表达式修改为 `wlan.fc.type == 1`，如图 2.12 所示。

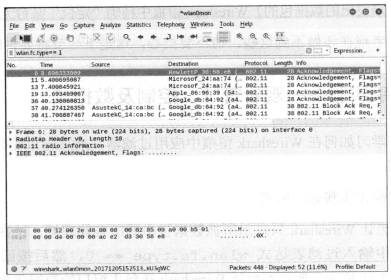

图 2.12

3. 要是只想筛选并查看数据帧，请将过滤表达式修改为 `wlan.fc.type == 2`，如图 2.13 所示。

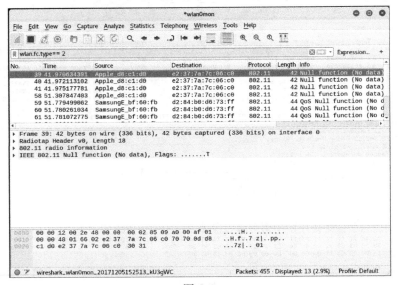

图 2.13

4. 要想筛选并查看某一类 802.11 帧的某一种子类型，请使用 `wlan.fc.subtype` 过滤选项。比方说，要筛选并查看所有管理帧中的信标（Beacon）帧，过滤表达式应该这么写：`(wlan.fc.type == 0) && (wlan.fc.subtype == 8)`，如图 2.14 所示。

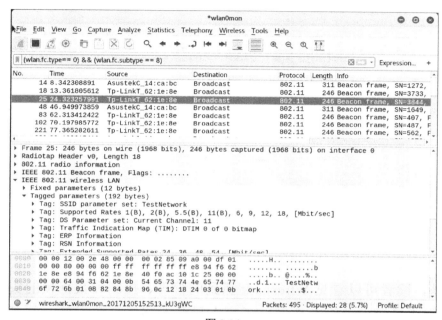

图 2.14

5. 还可以在抓包主窗口的数据包结构区域内，选中数据包的某个属性值，单击右键，在弹出的右键菜单里点选 **Apply as Filter | Selected** 菜单项，将该属性值添加为显示过滤器，如图 2.15 所示。

6. 如此行事，将会在 Wireshark 抓包主窗口的过滤器（**Filter**）一栏里，自动添加正确的过滤表达式。

实验说明

之前，向读者传授了如何使用显示过滤表达式在 Wireshark 留痕中筛选数据包。这可以让读者只关注由感兴趣的设备发出的特定数据包，无须关注

Wireshark 隔空抓到的所有数据包了。

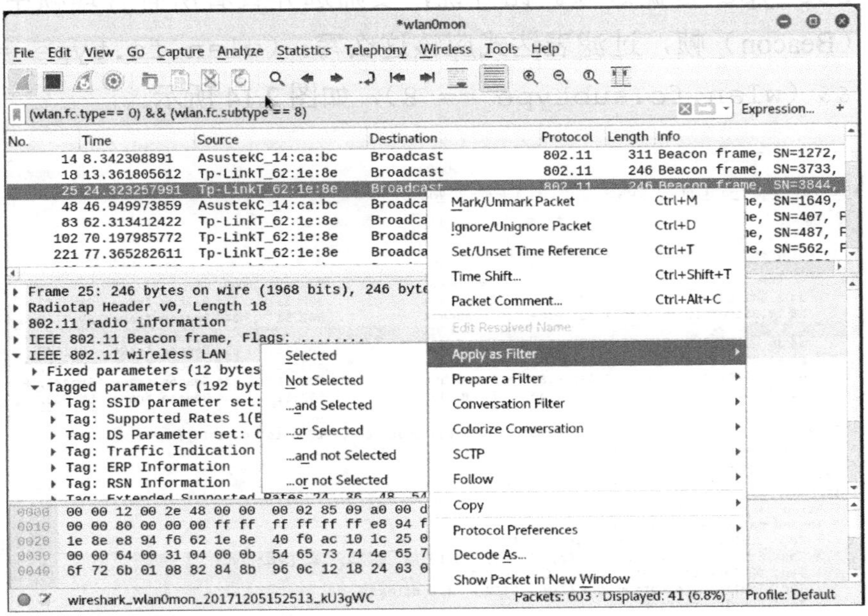

图 2.15

此外，读者可以看见 Wireshark 抓到的管理、控制和数据帧的头部都是以明文方式显示，并没有加密。任何人只要能够抓到数据包，都可以看到这些头部。同样需要注意的是，这些数据包很可能是先经过了黑客的篡改，再由其重新发送回网络的。由于咱们目前尚未启用完整性检测或防重放攻击缓解机制，因此黑客很容易这么干。读者将会在后面的内容里看到类似的攻击。

尝试突破——玩转 Wireshark 过滤器

读者可参考 Wireshark 使用手册，来学习与过滤表达式的写法及使用方面有关的信息。请读者研习各种过滤表达式的组合使用方法，能做到即便在数据包非常多的 Wireshark 留痕中，也能精确找到自己需要的蛛丝马迹。

接下来，将介绍如何窃取传播于 AP 和无线客户端之间的数据包。

2.5　动手实验——实验环境中数据包的窃取

在本节的实验里，读者将学到如何从特定的无线网络"窃取"数据包。为了简单起见，先看看如何抓（窃）取未经任何加密的数据包。

抓取步骤如下所列。

1. 给名为 Wireless Lab 的 AP 加电。保留其不启用加密的配置。

2. 首先得获悉 AP　Wireless Lab 运行于哪个信道。为此，请在 **Kali Linux** 主机的终端里执行 airodump-ng --bssid <mac> wlan0mon 命令，其中<mac>为 AP 的 MAC 地址。该命令一执行，终端窗口很快就会显示该 AP 及其所运行的信道。

3. 由本书之前的截图可知，AP　Wireless Lab 运行于信道 11。请注意，读者自建的 AP 可能会运行于别的信道。

为了抓取由该 AP 收发的数据包，需将无线网卡锁定在这个信道，即信道 11。要锁定该信道，请执行 iwconfig wlan0mon channel 11 命令。然后，可执行 iwconfig wlan0mon 命令来进行验证。在该命令的输出中，应该可以看到 Frequency：2.462 GHz（频率：**2.462 GHz**）字样，如图 2.16 所示，这对应于信道 11。

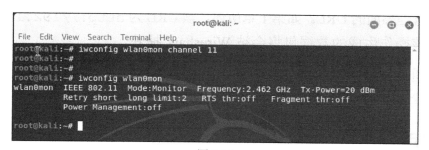

图 2.16

4. 现在启动 **Wireshark**，令其从接口 wlan0mon 接口抓包。开始抓包之后，在 Wireshark 抓包主窗口的过滤器区域中应用过滤表达式 wlan.bssid == <mac>，其中<mac>为 AP Wireless Lab 的 bssid，如图 2.17 所示。

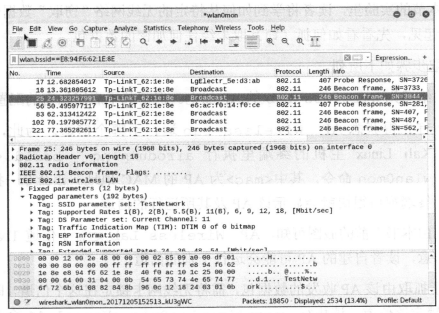

图 2.17

5. 要想筛选并查看由 AP Wireless Lab 生成的数据包，过滤表达式的写法为(wlan.bssid == <mac>)&&(wlan.fc.type_subtype == 0x20)。请在作为无线客户端的笔记本电脑上打开浏览器，输入访问 AP 管理界面的 URL。如第 1 章所述，该 URL 为 http://192.168.0.1。该操作生成的数据包将会被 Wireshark 捕获。

6. 通过抓包，可以让任何人都能轻易地对未加密的数据包进行分析，这就是要启用无线加密的原因所在。

实验说明

之前，使用 Wireshark 外加各种过滤表达式，就可以随意隔空抓取并分析数据包。由于实验环境中的 AP 未启用任何加密机制，因此能够以明文方式查看到所有数据。这是一个重大安全隐患，因为处于 AP 射频范围内的任何人只要手握 Wireshark 之类的抓包工具，便可抓到所有数据包。

尝试突破——分析数据包

用 Wireshark 对数据包做进一步分析，就会发现无线客户端会发起 DHCP 请求，要是无线网络内有可用的 DHCP 服务器，便会为无线客户端分配一个 IP 地址。随后，还会发现空气中还流淌着 ARP 数据包以及其他协议数据包。这是在无线网络中以被动方式发现主机的一个既简单又好用的方法。能够拥有抓包记录（packet trace），并且能够回溯（reconstruct）无线网络内主机所运行的应用程序之间的交流，可谓非常重要。Wireshark 支持一种叫做 follow stream 的功能，允许一并查看隶属于同一条（TCP）流的所有数据包，这批数据包是 TCP 交换的一部分。

另外，请读者尝试登录任何其他受欢迎的网站，来分析由此生成的数据流。

接下来演示如何将数据包注入无线网络。

2.6 动手实验——数据包注入

本节将会向读者传授如何用 Kali Linux 提供的 `aireplay-ng` 工具，来执行数据包注入。

执行数据包注入的步骤如下所列。

1. 要执行数据包注入测试，需先启动 Wireshark，再应用过滤表达式（`wlan.bssid == <mac>`）`&& !(wlan.fc.type_subtype == 0x08)`。如此行事的目的是，只筛选出实验环境网络中的非信标帧。

2. 在 Kali Linux 主机的终端里执行 `aireplay-ng -9 -e Wireless Lab -a <mac> wlan0mon` 命令。

3. 回到 Wireshark 界面，应该可以看到它抓到了很多数据包。其中的某些数据包正是由之前执行的 aireplay-ng 命令注入的，还有一些数据包则是 AP　Wireless Lab 生成的数据包，作为对注入数据包的响应。

实验说明

之前，利用 aireplay-ng 工具，成功地将数据包注入了无线实验网络。值得关注的是，Kali Linux 主机的无线网卡其实并未连接 AP　Wireless Lab，就能将数据包随意注入网络。

尝试突破——aireplay-ng 工具的其他选项[①]

在本书后面的内容里，会更加详细地讨论数据包注入；请读者自行钻研 aireplay-ng 工具的其他选项，使用这些选项来注入数据包。可用 Wireshark 隔空抓取数据包，来验证注入是否成功。

2.7　事关 WLAN 抓包和注入的重要事项

WLAN 通常会在三个不同的频率范围（2.4 GHz、3.6 GHz 和 4.9/5.0 GHz）内运行。并非所有 WiFi 无线网卡都支持这三个范围和相关频段。比方说，较老的 Alfa 无线网卡只支持 IEEE 802.11b/g。也就是说，这样的无线网卡不支持在 802.11a/n 频率范围内运行。因此，要想在特定的频段内执行数据包嗅探或注入，WiFi 网卡需要能够在该频段内运行。

WiFi 还有一个地方非常有趣，那就是以上三个频段中的每一个都有多个信道。需要注意的是，无论何时，一块 WiFi 网卡只能连接一个信道，不可能同时调谐至多个信道。车载收音机就是一个最好的例子，在任意给定

---

① 原文是"installing Kali on VirtualBox"，翻译为"在 VirtualBox 里安装 Kali Linux"。译者觉得和实际内容不符，所以给标题另起了一个名字。——译者注

的时刻，只能将其调谐到一个可用的频道。要是想听别的电台的节目，只有换个频道。收音机的工作原理同样适用于用无线网卡执行 WLAN 抓包。于是，可以得出一个重要的结论，不能同时在所有信道抓包，需要选择自己感兴趣的信道。这意味着，若 AP 运作于信道 1，就得将无线网卡协调至该信道。

WLAN 抓包是这样，数据包注入也是这样。要想将数据包注入特定的信道，则需将无线网卡无线电（wireless card radio）协调至该信道。

接下来，要看看如何将无线网卡设置在特定的信道、如何设置跳频、如何设置管制区域以及如何设置功率等级。

2.8 动手实验——设置无线网卡

请读者按以下步骤行事。

1. 要让无线网在特定的信道上运行，请执行 `iwconfig wlan0mon channel X` 命令，如图 2.18 所示。

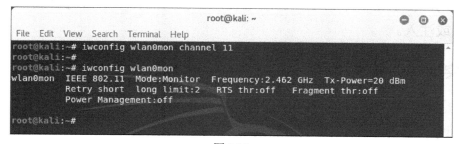

图 2.18

2. `iwconfig` 系列命令没有跳频模式。可以写一个简单的脚本来执行跳频。更简单的方法是执行带各种选项的 `airodump-ng` 命令，来随意跳频、只使用一个子集，或使用选定的频段。执行 `airodump-ng --help` 命令，输出中会显示所有可用的选项，如图 2.19 所示。

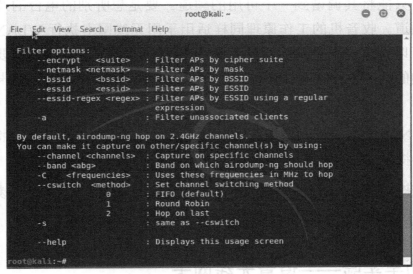

图 2.19

实验说明

众所周知，无线网络中的数据包抓取及注入都要仰仗硬件的支持。这意味着上述操作只能在无线网卡允许的频段和信道上进行。此外，无线网卡无线电只能同时协调至一个信道。也就是说，一次只能在一个信道上执行数据包的抓取或注入。

尝试突破——多信道抓包

要是想同时从多个信道抓包，则需要多块物理 WiFi 网卡。对于购买了多块无线网卡的读者，可以试着同时在多个信道上抓包。

随堂测验——WLAN 数据包的抓取及注入

Q1. 哪一种 802.11 MAC 帧用来在 WLAN 中执行身份验证？

1. 控制帧

2. 管理帧

3. 数据帧

4. 服务质量帧

Q2. 使用 airmon-ng 工具,基于 wlan0 创建而成的第二个监视模式接口的名称是什么?

1. wlan0mon

2. wlan0mon1

3. 1mon

4. monb

Q3. 要想在 Wireshark 中筛选并查看已抓取到的所有非信标帧,该应用以下哪个过滤表达式?

1. !(wlan.fc.type_subtype == 0x08)

2. wlan.fc.type_subtype == 0x08

3. (no beacon)

4. wlan.fc.type == 0x08

2.9 总结

本章介绍了 WLAN 协议的一些要点。

由于本书实验网络环境中的管理、控制和数据帧都未经加密,因此只要有人隔空抓取到这些帧,便可轻易读取。需要注意的是,可以对数据包的净载进行加密保护,以确保其机密性。下一章将讨论这个问题。

读者可将无线网卡配置为监控模式,隔空嗅探周边的数据包。

因为本实验环境并未对管理和控制帧加以完整性保护,所以使用 aireplay-ng 等工具来篡改或重放这些帧真的非常容易。

　　此外，还可以篡改未经加密的数据包，再重新释放进网络。数据包即便经过了加密，照样可以按原样放回，因为 WLAN 在设计上并未虑及数据包重放保护。

　　下一章将介绍可在 WLAN 中使用的各种认证机制，如 MAC 过滤和共享认证机制等，会通过现场演示来分析这些机制的种种安全缺陷。

第 3 章
规避 WLAN 验证

虚假的安全感比不安全更糟。

——匿名人士

虚假的安全感要比不安全更糟，因为黑客攻击可能会让你措手不及。

可轻而易举地破解和规避 WLAN 所具有的弱验证机制。本章会探讨 WLAN 所使用的各种基本验证机制，学习攻克之法。

本章涵盖以下主题：

- 发现隐藏的 SSID；
- 攻克 MAC 过滤器；
- 规避开放验证；
- 规避共享密钥验证（SKA）。

3.1 隐藏的 SSID

根据默认配置，所有 AP 都会在外发的信标帧中填上自己的 SSID。这样一来，附近的无线客户端便可以很容易地搜寻到 AP。隐藏的 SSID 是指将 AP 配置为不在信标帧中广播自己的 SSID。也就是说，只有使用无线客户端的人知道 AP 的 SSID，才能连接上这样的 AP。

　　可惜的是，这一举措并不能带来健壮的安全性，但大多数网管人员却不这么认为。不能异想天开地把隐藏的 SSID 视为一种安全措施。这就来研究一下如何发现隐藏的 SSID。

3.2　动手实验——发现隐藏的 SSID

请按以下步骤行事。

1. 只要使用 Wireshark 在本书的无线网络实验环境里监控信标帧，就应该能够抓取得到。SSID 在其内容里将会以明文方式显示，如图 3.1 所示。

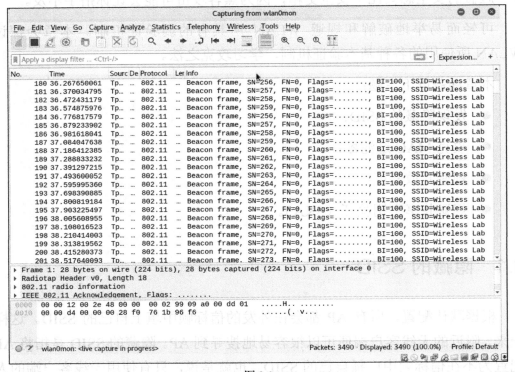

图 3.1

2. 配置 AP，将网络 Wireless Lab 的 SSID 设置为隐藏模式。具体的配置方法可能会随不同的 AP 而异。在本书的实验环境中，需要登录 AP，选择 **Visibility Status** 中的 Invisible 选项，如图 3.2 所示[①]。

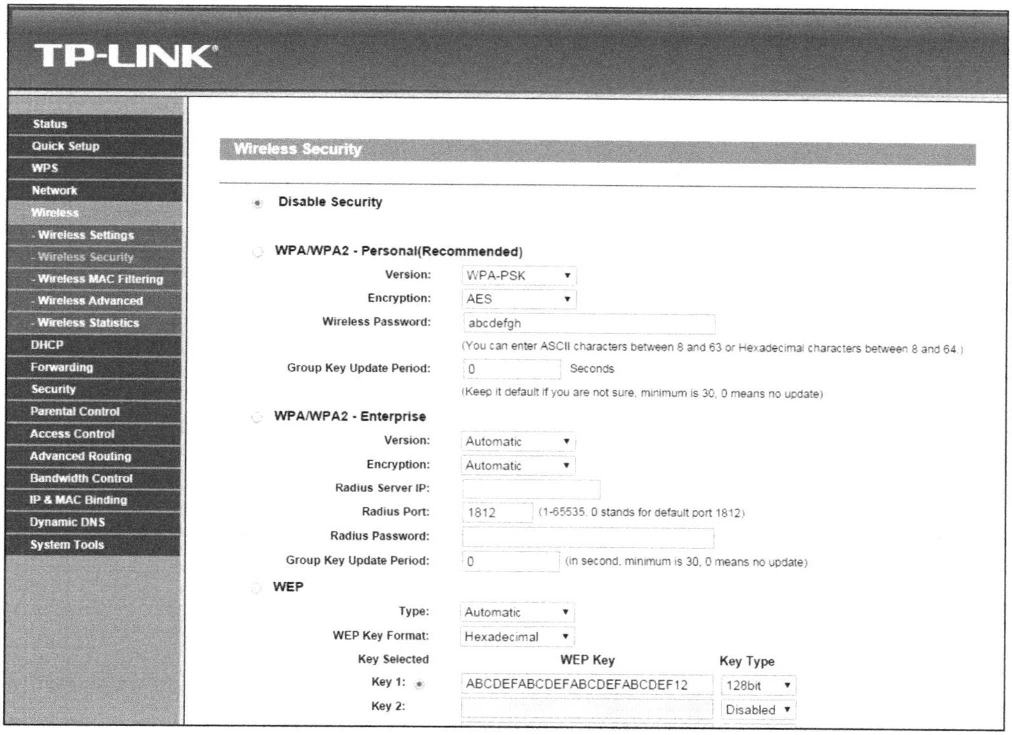

图 3.2

3. 修改过 AP 的配置之后，再查看 Wireshark 留痕，将会发现 SSID Wireless Lab 已经从信标帧里消失了，如图 3.3 所示。

4. 在信标帧不含 SSID 的情况下，就得打开 Wireshark 守株待兔，坐等知道 SSID 的无线客户端连接 AP。这样的客户端在执行连接时，会生成包含网络 SSID 的探测请求和探测响应（probe request and probe response）帧，从而暴露 SSID，如图 3.4 所示。

---

① 配图可能有误。——译者注

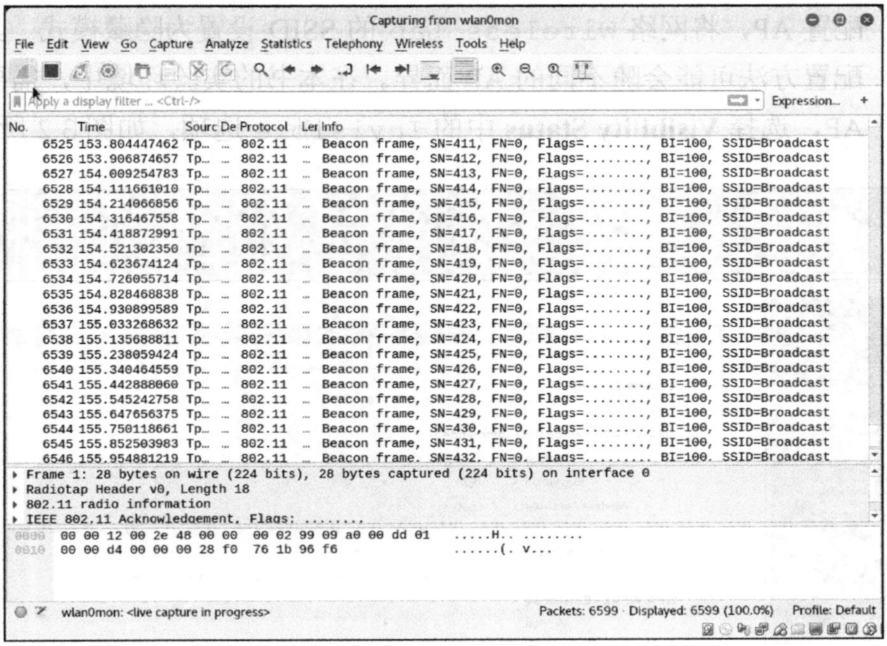
Capturing from wlan0mon
File Edit View Go Capture Analyze Statistics Telephony Wireless Tools Help
Apply a display filter ... <Ctrl-/>
Expression...
No. Time Sourc De Protocol Ler Info
6525 153.804447462 Tp... ... 802.11 ... Beacon frame, SN=411, FN=0, Flags=........, BI=100, SSID=Broadcast
6526 153.906874657 Tp... ... 802.11 ... Beacon frame, SN=412, FN=0, Flags=........, BI=100, SSID=Broadcast
6527 154.009254783 Tp... ... 802.11 ... Beacon frame, SN=413, FN=0, Flags=........, BI=100, SSID=Broadcast
6528 154.111661010 Tp... ... 802.11 ... Beacon frame, SN=414, FN=0, Flags=........, BI=100, SSID=Broadcast
6529 154.214066856 Tp... ... 802.11 ... Beacon frame, SN=415, FN=0, Flags=........, BI=100, SSID=Broadcast
6530 154.316467558 Tp... ... 802.11 ... Beacon frame, SN=416, FN=0, Flags=........, BI=100, SSID=Broadcast
6531 154.418872991 Tp... ... 802.11 ... Beacon frame, SN=417, FN=0, Flags=........, BI=100, SSID=Broadcast
6532 154.521302350 Tp... ... 802.11 ... Beacon frame, SN=418, FN=0, Flags=........, BI=100, SSID=Broadcast
6533 154.623674124 Tp... ... 802.11 ... Beacon frame, SN=419, FN=0, Flags=........, BI=100, SSID=Broadcast
6534 154.726055714 Tp... ... 802.11 ... Beacon frame, SN=420, FN=0, Flags=........, BI=100, SSID=Broadcast
6535 154.828468838 Tp... ... 802.11 ... Beacon frame, SN=421, FN=0, Flags=........, BI=100, SSID=Broadcast
6536 154.930899589 Tp... ... 802.11 ... Beacon frame, SN=422, FN=0, Flags=........, BI=100, SSID=Broadcast
6537 155.033268632 Tp... ... 802.11 ... Beacon frame, SN=423, FN=0, Flags=........, BI=100, SSID=Broadcast
6538 155.135688811 Tp... ... 802.11 ... Beacon frame, SN=424, FN=0, Flags=........, BI=100, SSID=Broadcast
6539 155.238059424 Tp... ... 802.11 ... Beacon frame, SN=425, FN=0, Flags=........, BI=100, SSID=Broadcast
6540 155.340464559 Tp... ... 802.11 ... Beacon frame, SN=426, FN=0, Flags=........, BI=100, SSID=Broadcast
6541 155.442888060 Tp... ... 802.11 ... Beacon frame, SN=427, FN=0, Flags=........, BI=100, SSID=Broadcast
6542 155.545242758 Tp... ... 802.11 ... Beacon frame, SN=428, FN=0, Flags=........, BI=100, SSID=Broadcast
6543 155.647656375 Tp... ... 802.11 ... Beacon frame, SN=429, FN=0, Flags=........, BI=100, SSID=Broadcast
6544 155.750118661 Tp... ... 802.11 ... Beacon frame, SN=430, FN=0, Flags=........, BI=100, SSID=Broadcast
6545 155.852503983 Tp... ... 802.11 ... Beacon frame, SN=431, FN=0, Flags=........, BI=100, SSID=Broadcast
6546 155.954881219 Tp... ... 802.11 ... Beacon frame, SN=432, FN=0, Flags=........, BI=100, SSID=Broadcast
Frame 1: 28 bytes on wire (224 bits), 28 bytes captured (224 bits) on interface 0
Radiotap Header v0, Length 18
802.11 radio information
IEEE 802.11 Acknowledgement, Flags: ....
0000 00 00 12 00 2e 48 00 00 00 02 99 09 a0 00 dd 01 .....H.. ....
0010 00 00 d4 00 00 00 28 f0 76 1b 96 f6 ......(. v...
wlan0mon: <live capture in progress>
Packets: 6599 · Displayed: 6599 (100.0%)
Profile: Default

图 3.3

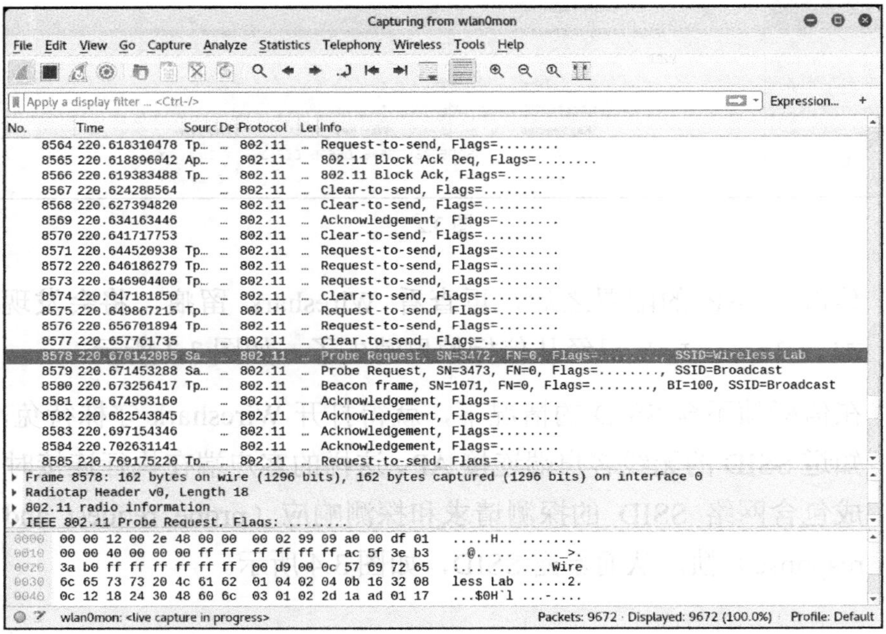
Capturing from wlan0mon
File Edit View Go Capture Analyze Statistics Telephony Wireless Tools Help
Apply a display filter ... <Ctrl-/>
Expression...
No. Time Sourc De Protocol Ler Info
8564 220.618310478 Tp... ... 802.11 ... Request-to-send, Flags=........
8565 220.618896042 Ap... ... 802.11 ... 802.11 Block Ack Req, Flags=........
8566 220.619383488 Tp... ... 802.11 ... 802.11 Block Ack, Flags=........
8567 220.624288564 ... 802.11 ... Clear-to-send, Flags=........
8568 220.627394820 ... 802.11 ... Clear-to-send, Flags=........
8569 220.634163446 ... 802.11 ... Acknowledgement, Flags=........
8570 220.641717753 ... 802.11 ... Clear-to-send, Flags=........
8571 220.644520938 Tp... ... 802.11 ... Request-to-send, Flags=........
8572 220.646186279 Tp... ... 802.11 ... Request-to-send, Flags=........
8573 220.646904400 Tp... ... 802.11 ... Request-to-send, Flags=........
8574 220.647181850 ... 802.11 ... Clear-to-send, Flags=........
8575 220.649867215 Tp... ... 802.11 ... Request-to-send, Flags=........
8576 220.656701894 Tp... ... 802.11 ... Request-to-send, Flags=........
8577 220.657761735 ... 802.11 ... Clear-to-send, Flags=........
8578 220.670142885 Sa... ... 802.11 ... Probe Request, SN=3472, FN=0, Flags=........, SSID=Wireless Lab
8579 220.671453288 Sa... ... 802.11 ... Probe Request, SN=3473, FN=0, Flags=........, SSID=Broadcast
8580 220.673256417 Tp... ... 802.11 ... Beacon frame, SN=1071, FN=0, Flags=........, BI=100, SSID=Broadcast
8581 220.674993160 ... 802.11 ... Acknowledgement, Flags=........
8582 220.682543845 ... 802.11 ... Acknowledgement, Flags=........
8583 220.697154346 ... 802.11 ... Acknowledgement, Flags=........
8584 220.702631141 ... 802.11 ... Acknowledgement, Flags=........
8585 220.769175220 Tp... ... 802.11 ... Request-to-send, Flags=........
Frame 8578: 162 bytes on wire (1296 bits), 162 bytes captured (1296 bits) on interface 0
Radiotap Header v0, Length 18
802.11 radio information
IEEE 802.11 Probe Request, Flags: ....
0000 00 00 12 00 2e 48 00 00 00 02 99 09 a0 00 df 01 .....H.. ....
0010 00 00 40 00 00 00 ff ff ff ff ff ff ac 5f 3e b3 ..@..... ....._>.
0020 3a b0 ff ff ff ff ff ff 00 d9 00 0c 57 69 72 65 :....... ....Wire
0030 6c 65 73 73 20 4c 61 62 01 04 02 04 0b 16 32 08 less Lab ......2.
0040 0c 12 18 24 30 48 60 6c 03 01 02 2d 1a ad 01 17 ...$0H`l ...-....
wlan0mon: <live capture in progress>
Packets: 9672 · Displayed: 9672 (100.0%)
Profile: Default

图 3.4

5. 还可以使用 `aireplay-ng` 实用工具（执行 `aireplay-ng -0 5 -a <mac> -- ignore-negative wlan0mon` 命令，其中`<mac>`为 AP 的 MAC 地址）代表 AP `Wireless Lab` 向所有主机发送解除验证（deauthentication）数据包，如图 3.5 所示。`-0` 选项表示发动解除验证攻击，数字 5 表示有待发送的解除验证数据包的数量。最后，`-a` 选项后面跟的是遭受攻击的 AP 的 MAC 地址。

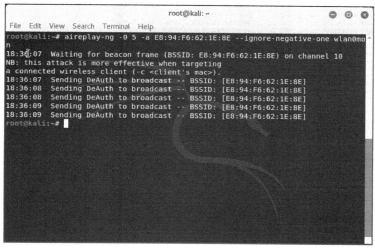

图 3.5

6. 之前发出的解除验证数据包会迫使所有合法的无线客户端断线重连。可应用过滤表达式 `wlan.fc.type_subtype == 0x0c`，来筛选并查看解除验证数据包，如图 3.6 所示。

7. 由 AP 发出的探测响应帧最终会暴露其隐藏的 SSID，如图 3.7 所示（Wireshark 抓包截图）。只要让合法的无线客户端断线后重连 AP，就可以趁机抓取探测请求和探测响应帧，可查看其中包含的不在信标帧中露面的 SSID。可应用过滤表达式 `(wlan.bssid ==<the AP MAC>) && !(wlan. fc.type_subtype == 0x08)`，从 Wireshark 留痕中筛选并监控 AP 发出或接收的所有非信标帧。`&&`符号表示运算符"逻辑与"，`!`符号表示运算符"逻辑非"。

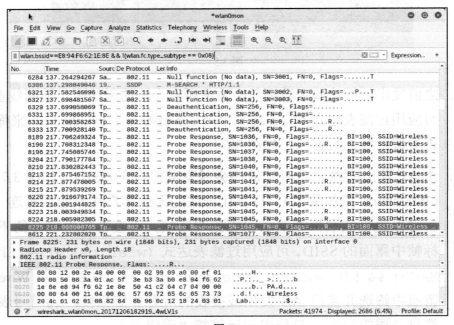

图 3.6

图 3.7

实验说明

即便将 SSID 隐藏起来，不通过 AP 广播，但只要合法的无线客户端尝试连接 AP，客户端和 AP 便会直接相互交换探测请求和探测响应帧。

这两种帧中会包含 AP 的 SSID。由于这样的帧在传送过程中未经加密，因此可以轻而易举地隔空抓取，并查看到其中的 SSID。

后面还会介绍如何利用探测请求帧，来达到别的目的（比如追踪）。

在许多情况下，所有无线客户端可能都已经连上了 AP，用 Wireshark 或许抓不到探测请求/探测响应帧。此时，就得在空气中释放伪造的解除验证帧，迫使无线客户端断开与 AP 的连接。当客户端重连 AP 时，就可以通过抓取探测请求/探测响应帧来获悉其中包含的 SSID 啦。

尝试突破——有针对性地解除验证

之前，讲解了以广播方式发送解除验证帧，迫使所有无线客户端重连 AP 的方法。请读者自己试着研究如何使用 `aireplay-ng` 实用工具，有针对性地对单个无线客户端实施攻击。

请注意，尽管本书用 Wireshark 作为抓包工具来说明相关概念，但使用其他工具（比如 `aircrack-ng` 软件套件）也无不可。作者鼓励读者浏览 `aircrack-ng` 软件套件的网站研读相关文档，摸清其使用方法。

3.3 MAC 过滤器

MAC（地址）过滤器是一种用来执行验证和授权技术，发源于有线网络领域，已经过时。可惜，它在无线网络领域被整得很惨。

这种技术的基本理念是，根据无线客户端的 MAC 地址执行验证。MAC 过滤器是指为网络接口分配的标识码；路由器会检查此码，并将其与已获准访问网络的 MAC 地址列表进行比对。网管人员不但会负责维护获准访问网络的 MAC 地址列表，还会将其提供给 AP。来看看避开 MAC 过滤器有多简单吧。

3.4　动手实验——挫败 MAC 过滤器

请按以下步骤行事。

1. 登录 AP，先启用 MAC 过滤功能，再添加受攻击的无线客户端的 MAC 地址，如图 3.8 所示。

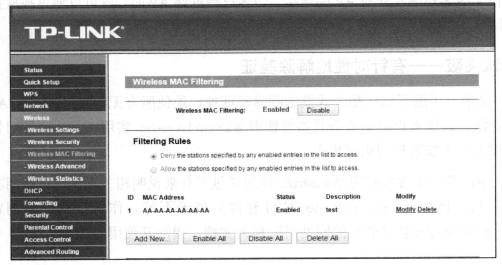

图 3.8

2. 启用 MAC 过滤功能以后，只有获得允许的 MAC 地址才能顺利通过 AP 的验证。要是试图用 MAC 地址在白名单之外的无线客户端连接 AP，将会验证失败。

3. 在验证期间，AP 将会向无线客户端发送身份验证失败消息，相关 Wireshark 抓包留痕应类似于图 3.9 所示。

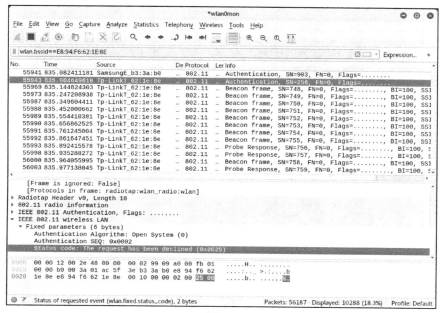

图 3.9

4. 为了挫败 MAC 过滤器，要用 `airodump-ng` 实用工具来发现已连接至 AP 的无线客户端的 MAC 地址。可执行 `airodump-ng -c 10 -a --bssid <mac> wlan0mon` 命令，来完成 MAC 地址发现。选项 `bssid` 指明了所要监视的设有 MAC 地址过滤器的 AP。选项 `-c 10` 将无线网卡的信道设置为 `10`，即 AP 所在信道。选项 `-a` 的作用是，确保在 `airodump-ng` 命令的输出中，在 STATION 之下，只显示出已关联并连接至 AP 的无线客户端的 MAC 地址。也就是说，在这条命令的输出中，会显示已经与（设有 MAC 过滤器的）AP 关联的所有无线客户端的 MAC 地址，请看图 3.10。

5. 一旦知道了出现在 MAC 地址白名单中的无线客户端的 MAC 地址，即可使用 Kali 附带的 `macchanger` 工具，来冒充该客户端的 MAC 地址。可执行 `macchanger -m <mac> wlan0mon` 命令，来完成 MAC 地址冒充。选项 `-m` 的作用是，为 `wlan0mon` 接口指定一个新的 MAC 地址，以此来发动 MAC 地址欺骗攻击，如图 3.11 所示。

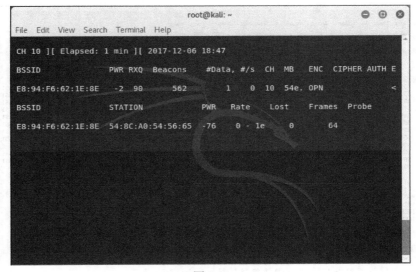

图 3.10

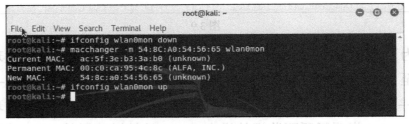

图 3.11

6. 可以看到，冒充成 MAC 地址白名单里的无线客户端的 MAC 地址之后，就可以连接到 AP 了。

实验说明

之前，读者学到了如何用 airodump-ng 实用工具隔空嗅探，以发现连接到 AP 的合法无线客户端的 MAC 地址。读者还学习了如何用 macchanger 实用工具，将攻击主机的无线网卡的 MAC 地址更改为合法无线客户端的 MAC 地址。这会让 AP 相信攻击主机就是合法的客户端，允许其访问无线网络。

鼓励读者登录 airodump-ng 实用工具的 Web 站点，阅读在线文档，来钻研该工具不同选项的用法。

3.5　开放验证

开放验证（Open Authentication）这个技术名词绝对是用词不当，因为它根本不执行任何验证。将 AP 配置为启用开放验证时，任何无线客户端都能成功地连接它。

这就来看看在开放验证模式下，如何通过 AP 的验证并连接到它。

3.6　动手实验——绕过开放验证

绕过开放验证的步骤如下所列。

1. 首先，将 AP Wireless Lab 配置为启用开放验证。对于本书所用 AP（无线路由器），只需将 **Security Mode** 设置为 **Disable Security**，如图 3.12 所示。

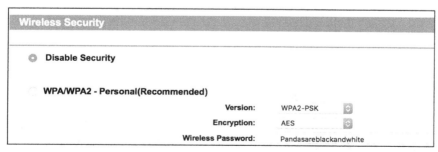

图 3.12

2. 其次，在 Kali Linux 主机上，执行 iwconfig wlan0 essid Wireless Lab 命令，连接 AP，同时验证连接是否成功。

3. 请注意，在未提供任何用户名/密码/验证信息的情况下，就通过了所谓的开放验证。

实验说明

这可能是到目前为止最简单的实验了。如读者所见，连接到启用了开放验证的网络和 AP 时，没有遇到任何障碍。

3.7 共享密钥验证（SKA）

SKA 使用诸如 WEP 密钥之类的共享密钥来验证无线客户端，图 3.13 精确展示了相关信息的交换过程。

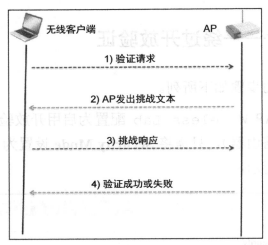

图 3.13

由图 3.13 可知，无线客户端先向 AP 发送身份验证请求，AP 用挑战（challenge）信息加以响应。无线客户端需用共享密钥来加密这一挑战信息，再回复给 AP，AP 会解密此信息，检查其是否与自己所发的原始信息匹配。如匹配，则无线客户端通过验证；如不匹配，则回复验证失败消息。

上述机制存在的安全隐患是，攻击者可隔空抓包，来被动侦听整个通信过程，从而同时获取到明文的和经过加密的挑战信息。这样一来，便可应用 XOR运算获悉密钥流。这一密钥流可用来加密 AP 之后发出的任何挑战信息，无须知晓实际的密钥。

有线等效保密（WEP）是一种最为常见的共享验证形式。它很容易被攻破，随着时间的推移，已经有越来越多的工具可用来帮助破解 WEP 网络。

接下来，将会传授如何通过"空中抓包"，来获取明文和经过加密的挑战信息，进而推算出密钥流，并用其向 AP 执行验证，而无须知晓共享密钥。

3.8 动手实验——绕过共享验证

与之前的实验相比，绕过共享验证做起来更难，请读者仔细按照以下步骤行事。

1. 在无线网络 Wireless Lab 内开启共享验证。具体的做法是，将 AP 的 **Security Mode** 设置为 **WEP**，将 **authentication Type** 设置为 **Shared Key**，如图 3.14 所示。

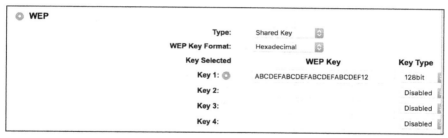

图 3.14

2. 让合法的无线客户端用步骤 1 中设置的共享密钥，连接到该无线网络。

3. 要想绕过 SKA，得要先抓取交换于 AP 及其客户端之间的数据包。此外，还得记录下完整的共享验证交换过程。为此，要使用 airodump-ng 工具，请执行 airodump-ng wlan0mon -c 11 --bssid <mac> -w keystream 命令。-w 选项还是第一次用，其作用是让 airodump-ng 工具将数据包存储在一个文件名以 keystream 打头的文件中（见图 3.15）。顺便说一句，将不同的抓包记录存储在不同的文件里是一个非常不错的主意，以便于在收集抓包记录很长一段时间之后，再对其进行分析。

图 3.15

4. 既可以静等合法的无线客户端连接 AP，也可以用之前介绍的解除验
   证技术，迫使无线客户端断线重连。只要无线客户端连接 AP，且 SKA
   成功，airodump-ng 实用工具便能以隔空嗅探的方式，抓取到两者
   之间交换的数据包。当 AUTH 一栏出现 WEP 字样时，便表示抓取成功。

5. 抓到的密钥流会存储在当前目录下文件名以 keystream 打头的文
   件内。在本书的实验环境中，该文件的文件名为 keystream-01-
   00-21-91-D2-8E-25.xor。

6. 要是文件生成失败，则可以执行 aireplay-ng -4 -h <Connected
   DeviceMAC> -a <AP BSSID> wlan0mon 命令，来生成一个 .xor
   文件（见图 3.16）。这要求受 WEP 保护的目标无线网络内存在已连接
   的无线客户端，该命令会生成具有欺骗 MAC 地址的数据包，来发现
   XOR 流和密钥。

```
root@kali:~# aireplay-ng -4 -h AC:5F:3E:B3:3A:B0 -b E8:94:F6:62:1E:8E wlan0mon
The interface MAC (54:8C:A0:54:56:65) doesn't match the specified MAC (-h).
        ifconfig wlan0mon hw ether AC:5F:3E:B3:3A:B0
19:18:20  Waiting for beacon frame (BSSID: E8:94:F6:62:1E:8E) on channel 11

        Size: 70, FromDS: 0, ToDS: 1 (WEP)

              BSSID  = E8:94:F6:62:1E:8E
          Dest. MAC  = FF:FF:FF:FF:FF:FF
        Source MAC   = AC:5F:3E:B3:3A:B0

        0x0000:  8841 2c00 e894 f662 1e8e ac5f 3eb3 3ab0  .A,....b...>.:.
        0x0010:  ffff ffff ffff a911 0000 ca19 fd00 e198  ................
        0x0020:  5f3b 9723 8d1c eef4 236e c0c6 6c3a a23f  _;.#....#n..l:.?
        0x0030:  1a29 af6d 958a 1f3b 042d 149a d9d6 6bf5  .).m...;.-....k.
        0x0040:  3d8f 3191 d733                           =.1..3

Use this packet ? y

Saving chosen packet in replay_src-1206-191821.cap

Offset   67 ( 5% done) | xor = 4A | pt = 79 |   197 frames written in  3387ms
Offset   66 ( 8% done) | xor = E7 | pt = 30 |   205 frames written in  3502ms
Offset   65 (11% done) | xor = 3A | pt = AB |   128 frames written in  2205ms
Offset   64 (13% done) | xor = A6 | pt = 97 |   120 frames written in  2049ms
Offset   63 (16% done) | xor = 8E | pt = 91 |   139 frames written in  2376ms
```

图 3.16

7. 为了伪造 SKA 的假象，还得借助 aireplay-ng 工具。请执行 aireplay-ng -1 0 -e"Wireless Lab" -y keystream-01-00-21-91-D2-8E-25.xor -a <mac> -h AA:AA:AA:AA:AA:AA wlan0mon 命令。这条 aireplay-ng 命令调用了之前获悉的密钥流，为"无线客户端"随便分配了一个 MAC 地址 AA:AA:AA:AA:AA:AA，尝试向 SSID 为 Wireless Lab、MAC 地址为 00:21:91:D2:8E:25 的 AP 发起验证。

8. 启动 Wireshark，应用过滤表达式 wlan.addr==AA:AA:AA:AA:AA:AA，从抓到的数据包中筛选并查看自己感兴趣的数据包。在 Wireshark 抓包主窗口内，应该会出现感兴趣的数据包，如图 3.17 所示。

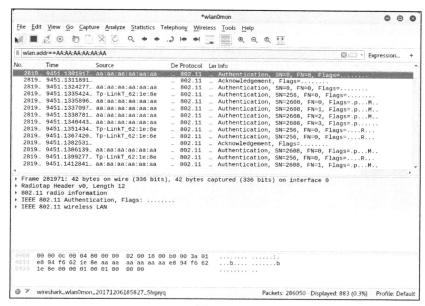

图 3.17

9. 图 3.18 所示的 Wireshark 抓包主窗口内的数据包为 aireplay-ng 工具发给 AP 的验证请求数据包。

10. 图 3.19 所示的 Wireshark 抓包主窗口内的数据包包含了 AP 发给无线客户端的明文挑战信息。

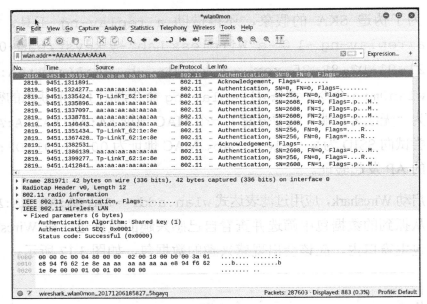

图 3.18

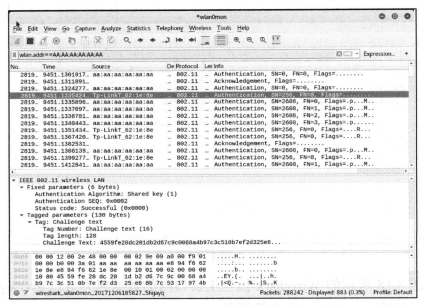

图 3.19

11. 图 3.20 所示的 Wireshark 抓包主窗口内的数据包包含了 aireplay-ng 工具向 AP 发出的经过加密的挑战信息。

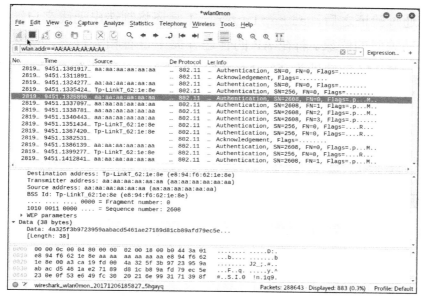

图 3.20

12. 由于 `aireplay-ng` 工具利用了抓到的密钥流来加密挑战信息，因此会通过 AP 的验证，AP 会发出验证通过数据包，如图 3.21 所示。

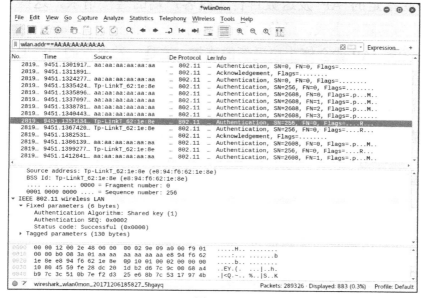

图 3.21

13. 通过验证之后，aireplay-ng 工具还将制造出无线客户端与 AP 成功关联的假象。若在 AP 的管理界面中查看相关日志，应该可以看到一个 MAC 地址为 AA:AA:AA:AA:AA:AA 的无线客户端已经与 AP 成功关联，如图 3.22 所示。

11	kali	AA-AA-AA-AA-AA-AA	192.168.1.110	01:59:57

图 3.22

实验说明

之前，咱们顺利地从共享验证交换消息中获取了密钥流，用它骗过了 AP 的验证。

常识突破——填满 AP 所保存的无线客户端表

每台 AP 所能连接的客户端的数量都是有限制的，一旦超限，AP 便会拒绝新客户端发起的连接。只要基于 aireplay-ng 工具写一个简单的 wrapper，便可自动向指定的 AP 发送数百台无线客户端的连接请求，这些客户端的 MAC 地址为其随机生成。最终，将会填满 AP 所保存的无线客户端表。只要这张表被填满，AP 就会停止接受新的连接。这是一种典型的拒绝服务（DoS）攻击，会迫使无线路由器重启或丧失功能。这可能会导致所有的无线客户端掉线，无法使用经过授权的网络。

请读者试着在自己的无线实验网络环境中进行验证！

随堂测验——WLAN 验证

Q1. 如何迫使无线客户端断线并重连 AP？

1. 发送解除验证数据包

2. 重启无线客户端

3. 重启 AP

4．以上皆是

Q2．开放验证的功效是什么？

1．能提供全面的安全性

2．不提供安全性

3．需启用加密

4．以上皆非

Q3．如何让 SKA 失灵？

1．从数据包中获悉密钥流

2．获悉加密密钥

3．向 AP 发送解除验证数据包

4．重启 AP

3.9　总结

本章学习了与 WLAN 验证有关的内容。隐藏的 SSID 是一种企图通过隐匿来实现安全的特性（security-through-obscurity feature），极易为歹人所乘。MAC 地址过滤器也安全不到哪里去，只要"隔空嗅探"就能从无线数据包中发现白名单列表里的合法 MAC 地址。之所以能得逞，是因为数据包中包含的 MAC 地址信息未经加密。开放验证其实就是不验证。SKA 破解起来有点麻烦，但只要工具使用正确，便能获悉并存储密钥流，用它就可以回应 AP 后续发出的所有挑战信息。最终，可在不知道实际密钥的情况下通过 AP 的验证。

下一章将检视各种 WLAN 加密机制——WEP、WPA 和 WPA2，以及困扰这些机制的安全隐患。

第 4 章
WLAN 加密漏洞

没有人会需要高于 640KB 的内存。

——微软创始人比尔·盖茨

未来总是不可预测，哪怕有最美好的初衷。WLAN 委员会最先设计出了 WEP，然后，WPA 却成为了万无一失的加密机制。随着时间的推移，人们发现这两种机制都存在缺陷，不但众所皆知，而且还在实际使用中被歹人钻了空子。

一直以来，WLAN 加密机制都极易为密码攻击所乘。2000 年年初兴起的 WEP 最终被彻底击溃。最近，WPA 已经被证明存在多个已得到补救或重新得到补救的安全隐患。虽然目前尚未听说有任何攻击能在所有常规情况下破解 WPA，但在特殊情况下发动某些攻击还是可以得手。

本章涵盖以下主题：

- WLAN 的各种加密机制；
- 破解 WEP 加密；
- 破解 WPA 加密。

4.1 WLAN 加密

由于 WLAN 的数据传输方式是"隔空传递"，故而存在确保数据机密性的内在需求。满足该需求的最好方法是启用加密。WLAN 委员会（IEEE 802.11）制定了以下与数据加密有关的协议：

- 有线等效保密（WEP）协议；
- WiFi 保护访问（WPA）协议；
- WiFi 保护访问 v2（WPA2）协议。

本章将检视以上三种加密协议中的每一种，同时还会演示针对这些协议的各种攻击。

4.2　WEP 加密

据传，WEP 协议早在 2000 年就存在致命缺陷，但令人惊讶的是，不但有许多组织仍在使用它，而且一般的 AP 在出厂时居然大都支持 WEP 功能。

WEP 中存在许多密码学方面的缺陷，Walker、Arbaugh、Fluhrer、Martin、Shamir 和 KoreK 等多人均发现存在这些缺陷。至于如何破解 WEP，对它有基本的认知应该就够了，无须从密码学的角度来算计它。本节会介绍如何使用 Kali Linux 自带的工具来破解 WEP 加密。这些工具包括全套 `aircrack-ng` 工具：`airmon-ng`、`aireplay-ng`、`airodump-ng` 和 `aircrack-ng` 等。

WEP 的命门是它使用 RC4 和短 IV 值（每 224 个帧便会循环使用一次）。虽然 IV 值看起来可能是一个很大的数字，但是每 5000 个数据包重用 4 个 IV 值的概率为 50%。有了这样一大"命门"，只要能生成密集的流量，便会显著增加重用 IV 值的可能性，于是，就可以对两份用相同 IV 和密钥加密的密文加以比较。

接下来，会先在实验环境中开启 WEP，再来看看如何破解它。

4.3　动手实验——破解 WEP

请按以下步骤行事。

1. 用 Web 浏览器登录 AP Wireless Lab 的管理界面，进入无线加密机制设置区域。

2. 对于本书所用 AP，要将 **Security Mode** 设置为 **WEP**。还得设置 WEP 密钥的长度。如图 4.1 所示，WEP 密钥的长度被设置为 **128 位**。作者还将默认密钥设置为 **WEP Key1**，并将十六进制值 `abcdefabcdefabcdefabcdef12` 设置为 128 位 WEP 密钥。读者也可以随意指定其他值。

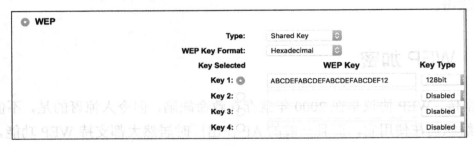

图 4.1

3. 应用配置之后，AP 就应该会选择 WEP 作为加密机制。还需要到攻击主机上做一番设置。

4. 请先执行以下命令激活 wlan0：

```
ifconfig wlan0 up
```

5. 再执行以下命令：

```
airmon-ng start wlan0
```

6. 上面这条命令的作用是，创建监控模式接口 wlan0mon。请执行 `ifconfig` 命令，验证 wlan0mon 接口是否创建成功，如图 4.2 所示。

7. 用 `airodump-ng` 实用工具来定位实验环境里的 AP，请执行以下命令：

```
airodump-ng wlan0mon
```

8. 由图 4.3 可知，实验环境里的 AP Wireless Lab 运行的正是 WEP。

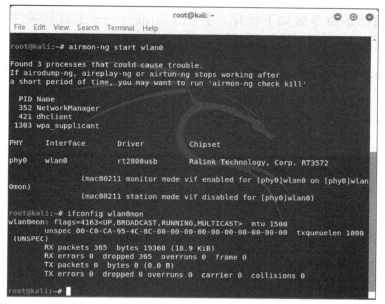

图 4.2

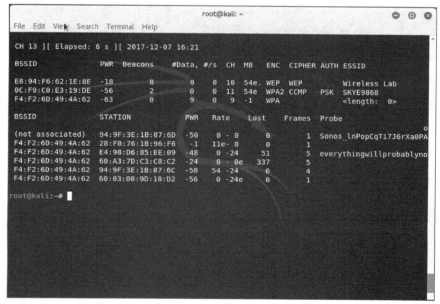

图 4.3

9. 对于本实验，由于攻击目标是无线网络 Wireless Lab，因此可对上面那条命令做如下优化，令 airodump-ng 工具只关注该无线网络的数据包：

```
airodump-ng --bssid <Your AP MAC> --channel <whatever channel it's on> --write WEPCrackingDemo wlan0mon
```

图 4.4 所示为该命令的优化示例。

图 4.4

10. --write 选项的作用是，让 airodump-ng 工具将抓到的数据包存入一个 pcap 文件（见图 4.5）。

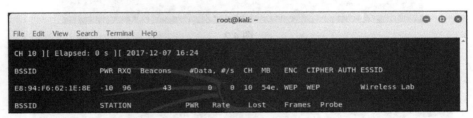

图 4.5

11. 现在，让无线客户端连接 AP，用 abcdefabcdefabcdefabcdef12 作为 WEP 密钥。只要客户端成功连接 AP，airodump-ng 实用工具应该会生成图 4.6 所示的输出。

图 4.6

12. 要是在当前目录下执行 ls 命令，应该能看到好几个文件名以

WEPCrackingDemo-打头的文件，如图 4.7 所示。这些文件都是由 airodump-ng 实用工具创建的流量转储（traffic dump）文件。

图 4.7

13. 若仔细观察 airodump-ng 实用工具生成的输出，则可以看到，#Data 下只列出了很少的数据包，只有 35 个，如图 4.8 所示。

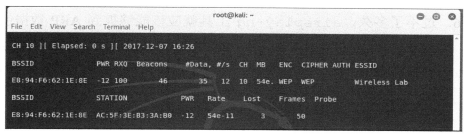

图 4.8

14. 要破解 WEP，需要生成大量以相同密钥加密的数据包，来切中协议的软肋。所以，还得迫使网络生成更多的数据包。为此，要使用 aireplay-ng 工具。

15. 要用 aireplay-ng 工具先抓取无线网络中的 ARP 数据包，再将其灌回网络来模拟 ARP 响应。需要另开一个终端窗口，来启动 aireplay-ng，如图 4.9 所示。将上述数据包重新释放回网络几千遍，就能在网络中生成密集的数据流量了。aireplay-ng 虽然不知道 WEP 密钥，但可通过检查数据包的大小来识别 ARP 数据包。由于 ARP 数据包是一种协议头部固定的数据包，因此可以很容易地判断出 ARP 数据包的大小，甚至能在经过加密的数据包中将其识别出来。执行 aireplay-ng 命令时，附带了以下选项。选项-3 的作用是，将 ARP 数据包重新释放回网络；选项-b 指明了（目标）无线网络的

BSSID；选项 -h 为发动攻击的无线客户端指明了一个冒充的 MAC 地址。此外，还要在命令的末尾指明有待使用的无线网络接口。之所以要带这么多选项来执行 aireplay-ng 命令，是因为这样的重放攻击只对通过验证的和已（与 AP）关联的无线客户端的 MAC 地址生效。

图 4.9

16. 过不了多久，aireplay-ng 工具就应该能够抓到 ARP 数据包，并开始将其释放回网络了。若命令的输出中存在与信道有关的错误信息，请在命令后添加 --ignore-negative-one 选项，如图 4.10 所示。

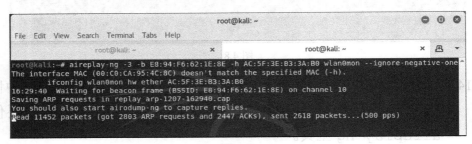

图 4.10

17. airodump-ng 工具也会开始记录大量的数据包。该工具会把抓取到的所有数据包都存储进文件名以 WEPCrackingDemo- 打头的文件内（见图 4.11），这在前面已经说过。

18. 现在，将开展实际的破解任务！新开一个终端窗口，执行带 WEPCRackingDemo-0*.cap 选项的 aircrack-ng 命令，如图 4.12 所示。该命令一经执行，aircrack-ng 工具将会启动，并加载 .cap 文件中的数据包，来破解 WEP 密钥。请注意，让 airodump-ng 工具采集 WEP 数据包，让 aireplay-ng 工具执行重放攻击，同时让

aircrack-ng 工具尝试根据采集到的数据包破解 WEP 密钥，这样的分工简直完美无缺。对于本实验，上述所有工具都分别在单独的终端窗口内运行。

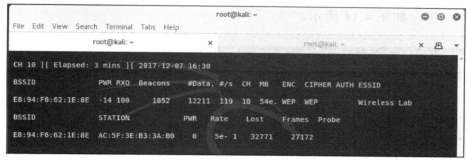

图 4.11

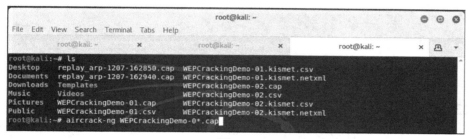

图 4.12

19. 图 4.13 所示为 Aircrack-ng 工具处理数据包、破解 WEP 密钥时 Kail Linux 生成的输出。

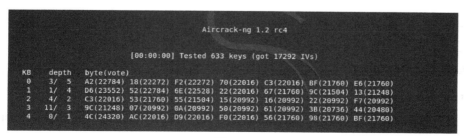

图 4.13

20. 破解密钥所需数据包的数量不定，一般不低于 10 万。在一个快速的网络内（或使用 aireplay-ng 工具），最多应花上 5～10 分钟。可能需要多次重新尝试上述过程。

21. 只要抓取并处理了足量的数据包，aircrack-ng 工具就应该能够破解密钥。一旦破解完成，该工具会自动显示密钥，同时从终端退出，如图 4.14 所示。

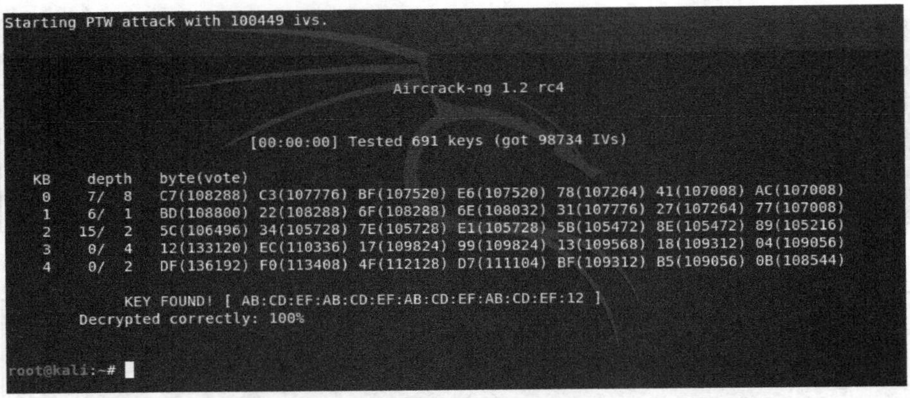

图 4.14

22. WEP 绝对不是铁板一块，aircrack-ng 工具能破解任何 WEP 密钥（无论其有多复杂），这一点请读者务必牢记。只要用同一密钥加密的数据包的数量足够多，aircrack-ng 工具就有机可乘。

实验说明

之前，在实验环境里启用了 WEP，并成功破解了 WEP 密钥。为了破解密钥，首先要静等无线网络的合法客户端连接 AP。然后，要用 aireplay-ng 工具将抓取到的 ARP 数据包重新释放回无线网络。这将导致网络内的主机发送 ARP 应答数据包，从而大大增加了隔空传递的数据包的数量。最后，再用 aircrack-ng 工具来分析 WEP 对上述数据包的加密规律，从而达到破解 WEP 密钥的目的。

请注意，还可以使用上一章传授的共享密钥验证（SKA）规避技术，向 AP 执行欺骗验证。只要合法的无线客户端离开网络，就可以如此行事。这可确保攻击主机以欺骗的方式执行验证并与 AP 关联,继续将抓到的数据包重新释放回无线网络。

尝试突破——借助 WEP 破解攻击来完成欺骗验证

在之前的攻击实验中,若合法的无线客户端突然掉线,则攻击主机将无法执行数据包重放任务,因为 AP 会拒绝接收由尚未与其关联的无线客户端发出的数据包。

执行 WEP 破解练习时,对读者提出的高难度要求是,运用上一章传授的 SKA 规避技术,执行欺骗验证及关联。请读者试着让合法的无线客户端掉线,并观察是否仍能将数据包注入无线网络,以及 AP 是否接收并响应这样的数据包。

4.4 WPA/WPA2

WPA(有时也被称为 WPA v1)主要采用的是临时密钥完整性协议(**Temporal Key Integrity Protocol,TKIP**)加密算法。TKIP 旨在改进 WEP,且无须依赖全新的硬件来运行。相形之下,WPA2 则强制使用 AES-CCMP 算法来执行加密,比 TKIP 更强大、更坚固。

WPA 和 WPA2 支持两种身份验证机制:基于 EAP 的身份验证(采用 RADIUS 服务器)(Enterprise,企业)以及基于预共享密钥(**Pre-Shared Key,PSK**)(personal,个人)的身份验证。

WPA/WPA2 PSK 极易为字典攻击所乘。这种攻击所需要的输入包括无线客户端和 AP 之间的 4 次 WPA 握手信息,以及包含有常用密码的单词列表(字典)。然后,使用 aircrack-ng 之类的工具,便可尝试破解 WPA/WPA2 PSK 密码了。

图 4.15 所示为 4 次握手的过程。

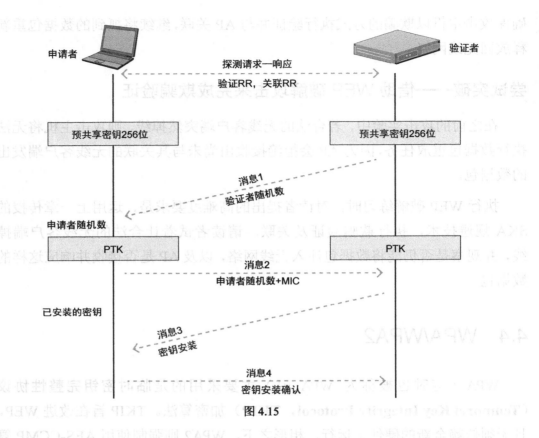

图 4.15

　　WPA/WPA2 PSK 的运作方式是，用 PSK 和另外 5 个参数——网络的 SSID、验证者随机数（**Authenticator Nonce，ANonce**）、申请者随机数（**Supplicant Nonce，SNonce**）、验证者 MAC 地址（AP MAC 地址）、申请者 MAC 地址（WiFi 客户端 MAC 地址），来得出名为成对临时密钥（**Pairwise Transient Key，PTK**）的每会话密钥（per-session key）。然后，用该密钥来加密 AP 和无线客户端之间的所有数据。

　　通过"隔空嗅探"来窃听整个会话的攻击者可以弄到之前提及的所有 5 个参数，唯一没法弄到的是 PSK。那么，PSK 是如何生成的呢？它由用户提供的 WPA-PSK 密码外加 SSID 创建而成。WPA-PSK 密码外加 SSID 都通过基于密码的密钥派生函数（**Password-Based Key Derivation Function，PBKDF2**）

发送，该函数会输出一个 256 位的共享密钥[①]。

对于典型的 WPA/WPA2 PSK 字典攻击，攻击者会动用攻击工具外加一部大型密码字典，该字典包括了所有可能会用到的密码。攻击工具会根据每个密码派生出一个 256 位的 PSK，并用其与之前提及的其他参数来创建 PTK。PTK 将用来验证是否与某个握手数据包中的**消息完整性检查（Message Integrity Check，MIC）**匹配。若匹配，则根据密码字典猜测的密码是正确的；若不匹配，则猜测的密码有误。

最终，如果密码字典中包括了需要授权的无线网络的密码，则可以发现该密码。这就是 WPA/WPA2 PSK 的破解原理！图 4.16 所示为相关破解步骤。

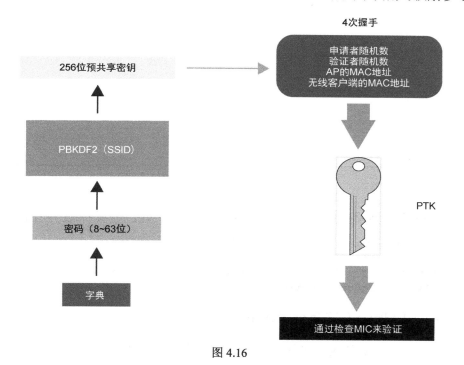

图 4.16

接下来，要看看如何破解 WPA PSK 无线网络。破解启用了 CCMP（AES）

---

① 原文是 "The combination of both of these is sent through the Password-Based Key Derivation Function (PBKDF2), which outputs the 256-bit shared key."，译文按原文字面意思直译。——译者注

的 WPA2-PSK 网络所涉及的步骤也完全一样。

4.5　动手实验——破解 WPA-PSK 弱密码

请按以下步骤行事。

1. 先登录 AP　Wireless Lab，在其上启用 WPA-PSK，将 WPA-PSK 密码
   设置为 abcdefgh，密码强度不够就很容易为字典攻击所乘（见图 4.17）。

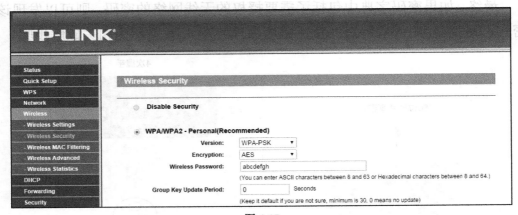

图 4.17

2. 执行下面这条命令启动 airodump-ng 工具，令其抓取并存储无线网
   络 Wireless Lab 中的所有数据包。

   ```
   airodump-ng --bssid 00:21:91:D2:8E:25 --channel 11 --write
   WPACrackingDemo wlan0mon
   ```

   图 4.18 所示为该命令的输出。

3. 现在，需要静候一个新的无线客户端连接 AP，好伺机捕获执行 4 次
   WPA 握手所生成的流量，当然，也可通过广播方式发出解除验证数
   据包，迫使合法的无线客户端断线重连，再伺机捕获执行 4 次 WPA
   握手所生成的流量。为了提高速度，本实验选择后一种做法。攻击期
   间，"unknown channel error" 消息可能会多次出现。跟之前一样，在

使用 aireplay-ng 工具时，还得包含--ignore-negative-one 选项，而且可能还需要多次尝试，如图 4.19 所示。

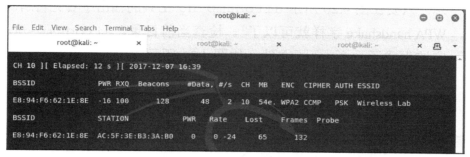

图 4.18

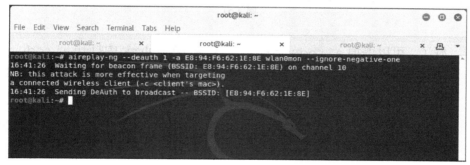

图 4.19

4. 只要能抓到与 WPA 4 次握手相对应的流量，airodump-ng 工具就会在输出的右上角以"WPA handshake:AP 的 BSSID"的形式加以提示，如图 4.20 所示。

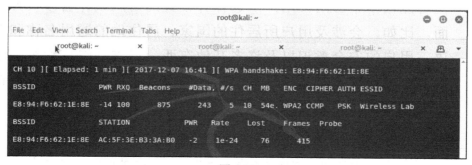

图 4.20

5. 要是在使用 **aireplay-ng** 工具时，包含了`--ignore-negative-one`
选项，`airodump-ng` 工具可能会用固定的信道消息替换 WPA 握手消
息。只要在图 4.20 所示 `airodump-ng` 工具的输出中看见转瞬即逝的
WPA handshake 字样就可以了[1]。检查当前目录，`airodump-ng` 工具
应该生成了一个 `.cap` 文件，如图 4.21 所示。

图 4.21

6. 好了，可以停掉 `airodump-ng` 工具。在 **Wireshark** 中打开 `airodump-ng`
工具生成的 `.cap` 文件，用过滤表达式筛选并查看与 WPA 4 次握手相
对应的数据包，在图 4.22 所示的 **Wireshark** 留痕中，选中了 4 次握手
过程生成的第一个数据包。WPA 握手数据包所归属的协议是 `EAPOL`，
可用过滤表达式 `eapol` 来筛选并查看相关数据包。

7. 实际的密钥破解操作将从这里拉开帷幕！首先，得准备一部常用
密码字典。Kali Linux 在 `metasploit` 目录下提供了许多字典文
件，具体的存放位置如图 4.23 所示。需要注意的是，在破解 WPA
的过程中，人和字典一样重要。Kali Linux 虽然自带了一些字典，
但可能根本不够用。用户所选择并设置的密码或许会涉及方方面
面。比如，会涉及用户所居住的国家、居住地的通用名称和缩略
语、用户的安全意识以及许多其他东西。在进行渗透测试，涉及
破解密码的环节时，将国家和地区的专用词汇汇集成表，应该是
一个好主意。

---

① 以上两句原文是 "If you are using --ignore-negative-one, the tool may replace the WPA handshake with a
fixed channel message. Just keep an eye out for a quick flash of a WPA handshake"。——译者注

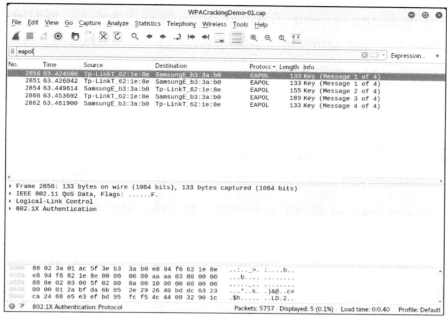

图 4.22

图 4.23

8. 打开 aircrack-ng 工具，以 pcap 文件作为输入，同时链接到字典文件，本实验所使用的字典文件是 usr/share/wordlists/ 下的 nmap.lst，如图 4.24 所示。

图 4.24

9. aircrack-ng 实用工具会调用字典文件，对其中的各种密码进行排列组合，尝试破解密钥。若用户设置的密码存在于字典文件内，则该工具最终将破解密码。图 4.25 所示为该工具破解密码后的输出。

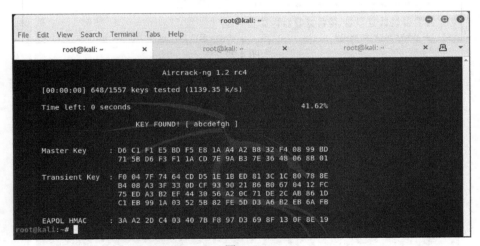

图 4.25

10. 请注意，由于之前执行的是字典攻击，因此用户设置的密码必须存在于 aircrack-ng 工具所使用的字典文件内。如果不是这样，破解密钥将会以失败告终！

实验说明

第一步，登录 AP，启用 WPA-PSK，为其设置一个常用弱密码 abcdefgh。

第二步，发动解除验证攻击，让合法的无线客户端先掉线，再重新连接 AP。当合法的客户端重连 AP 时，便可伺机抓取 AP 和客户端之间的 WPA 4 次握手消息。

因为 WPA-PSK 易受字典攻击所乘，于是攻击者可为 `aircrack-ng` 工具提供一份包含 WPA 4 次握手消息的抓包文件外加一份常用密码列表（其格式为 `word.list`），借此破解密码。由于密码 `abcdefgh` 存在于 `word.list` 内，因此 `aircrack-ng` 工具能成功破解 WPA-PSK 共享密钥。需要再次重申的是，在基于密码字典破解 WPA 时，人和字典同等重要。也就是说，在开始破解之前，准备一部庞大而又详尽的密码字典是重中之重。尽管 Kali Linux 自带密码字典，但大多时候根本就不够用，所以还需收集更多的密码用词，要是再考虑本地化的因素，那需要的密码用词就更多啦。

尝试突破——尝试用 Cowpatty 来破解 WPA-PSK

Cowpatty 是一款工具，也可以用来发动字典攻击，破解 WPA-PSK 密码。Kali Linux 自然也内置了该工具。请读者试着用 Cowpatty 来破解 WPA-PSK 密码，就当是作者布置的家庭作业了。

此外，请为 WPA-PSK 设置一个在字典中不存在的非常用密码，然后试着再次发动攻击。Aircrack-ng 和 Cowpatty 这下肯定都破不掉密码了。

需要注意的是，即便是 WPA2 PSK 网络，上述攻击手段也同样适用。作者鼓励读者自行验证。

4.6　加快破解 WPA/WPA2 PSK

如上一节所述，只要用户设置的密码存在于密码字典，那么 WPA-Personal 破解起来可谓易如反掌。既然这样，为什么不创建一部庞大而又详尽的密码字典，让其囊括数百万人使用过的通用密码词汇和缩略词汇呢？这样一部字典会对像作者这样的黑客帮助很大，因为大部分攻击都会以破解密码来收尾。

这主意听起来似乎不错，但忽略了其中最重要的一环——所消耗的时间。使用 PSK 密码及 SSID，通过 PBKDF2 计算 PSK，不但极为消耗 CPU 资源，而且还耗时颇多。在输出 256 位的 PSK 之前，该函数（是指 PBKDF2）会将两者排列组合超过 4,096 次。下一步的破解涉及使用该密钥以及 4 次握手中的参数，并与握手中的 MIC 进行比对验证。这一步在计算上倒是花销不高。此外，那些参数会随每次握手而异，所以说这一步不能预先计算。为了加快破解过程，需要尽快根据密码来计算 PSK。

可通过预先计算 PSK（用 802.11 标准术语来说，也叫做**成对主密钥 [Pairwise Master Key，PMK]**）来加快破解进度。请注意，由于 SSID 也会用来计算 PMK，因此用相同的密码和不同的 SSID，最终会得到不同的 PMK。也就是说，实际的 PMK 由密码和 SSID 共同决定。

接下来，要看看如何以预先计算 PMK 的方式，来破解 WPA/WPA2 PSK。

4.7　动手实验——加快破解进度

请继续按以下步骤行事。

1. 可使用 genpmk 工具，执行以下命令，针对给定的 SSID 和 wordlist 预先计算 PMK。

```
genpmk -f <chosen wordlist> -d PMK-Wireless-Lab -s "Wireless Lab"
```

上面这条命令一经执行，便会创建一个名为 PMK-Wireless-Lab 的文件，其中包含了预先生成的 PMK，如图 4.26 所示。

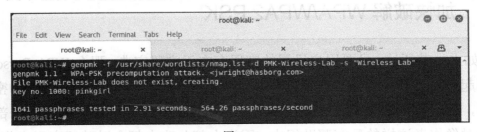

图 4.26

2. 先搭建一个密码为 abcdefgh（存在于密码字典）的 WPA-PSK 网络，再在该网络中抓取 WPA 握手消息，跟上一个实验一样；当然，也可以使用上一个实验生成的文件。这就用 Cowpatty 来破解 WPA 密码，如图 4.27 所示。

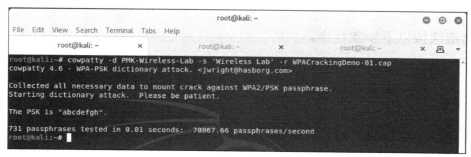

图 4.27

由图 4.27 可知，使用预先计算出来的 PMK 破解密钥所耗时间约为 7.18 秒。

3. 使用 aircrack-ng 工具以及相同的字典文件，破解过程却需要 22 分钟。由此可见，预先计算确实能省很多时间。

实验说明

之前检视了如何使用各种工具和技术来加速 WPA/WPA2-PSK 的破解进度。整体思路是预先针对给定的 SSID 和密码字典中的密码列表计算 PMK。

4.8 解密 WEP 和 WPA 数据包

在本章之前的所有实验中，向读者介绍了如何使用各种技术来破解 WEP 和 WPA 密钥。密钥到手之后，该如何利用呢？可以立刻使用密钥来解密已经抓取到的数据包。

接下来，将使用破解的密钥，来解密隔空抓取到的隶属于同一个留痕文件的 WEP 和 WPA 数据包。

4.9 动手实验——解密 WEP 和 WPA 数据包

请继续按以下步骤行事。

1. 解密之前创建的抓包文件 `WEPCrackingDemo-01.cap` 中的 WEP 数据包。为此，要使用 **Aircrack-ng** 套件中的另一款名为 `airdecap-ng` 的工具。请执行以下命令，用之前破解的 WEP 密钥作为参数，如图 4.28 所示。

```
airdecap-ng -w abcdefabcdefabcdefabcdef12 WEPCrackingDemo-01.cap
```

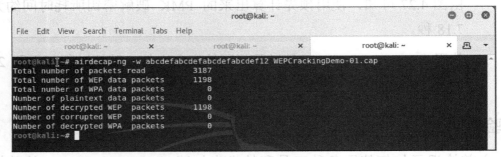

图 4.28

2. 经过解密的数据包存储在名为 `WEPCrackingDemo-01-dec.cap` 的文件中。先用 `tshark` 工具看看该文件中的前 10 个数据包，如图 4.29 所示。请注意，图 4.29 所示 `tshark` 命令的输出会随不同的抓包文件而异。

3. WPA/WPA2 PSK 的解密方式与 WEP 完全相同，也得使用 `airdecap-ng` 工具，请执行以下命令，如图 4.30 所示。

```
airdecap-ng -p abcdefgh WPACrackingDemo-01.cap -e "Wireless Lab"
```

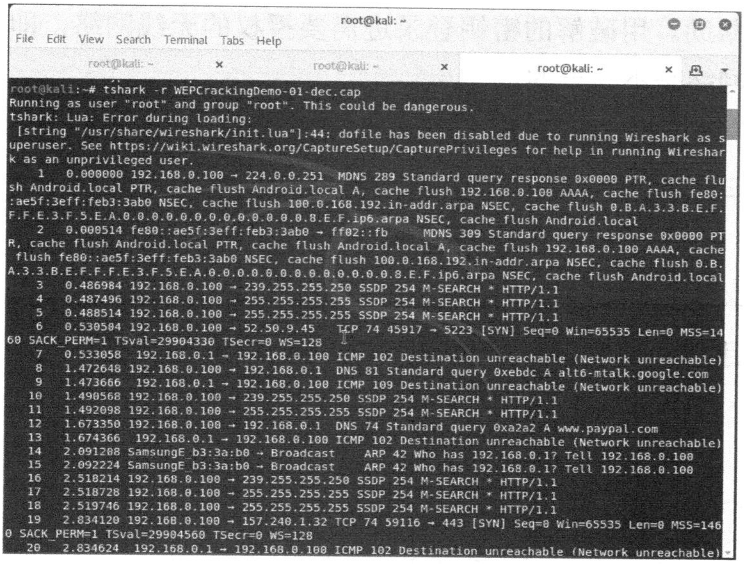

图 4.29

图 4.30

实验说明

之前演示了如何使用 `airdecap-ng` 工具，来解密经过 WEP 和 WPA/WPA2-PSK 加密的数据包。有意思的是，用 Wireshark 也能完成相同的任务。作者鼓励读者自行查阅 Wireshark 文档，来完成该任务。

4.10 连接进 WEP 和 WPA 网络

破解无线网络的密钥之后，还可以连接进需要授权的网络。这会对渗透测试有不小的帮助。用破解的密钥登录进需要授权的无线网络，即可充分证明客户的无线网络是不安全的。

4.11 动手实验——连接进 WEP 网络

请继续按以下步骤行事。

有了密钥之后，便可使用 iwconfig 实用工具，连接进 WEP 网络。通过上一个实验，已经弄到了 WEP 密钥 abcdefabcdefabcdef12（见图 4.31）。

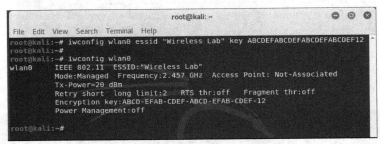

图 4.31

实验说明

在上面这个实验中，读者见识到了如何连接进 WEP 网络。

4.12 动手实验——连接进 WPA 网络

请读者按以下步骤行事。

1. 对于启用了 WPA 的无线网络，事情还有点难办。iwconfig 实用工具不能与 WPA/WPA2 Personal 和 Enterprise 配搭使用，因为该工具不支持。本实验要动用一款名为 wpa_supplicant 的新工具。要针对某个无线网络使用 WPA_supplicant 工具，需要先创建一个配置文件，如图 4.32 所示。可将该文件命名为 `wpa-supp.conf`。

图 4.32

2. 然后，再执行以下命令启动 `wpa_supplicant` 实用程序：

`wpa_supplicant -D wext -i wlan0 -c wpa-supp.conf`

3. 这会把攻击主机连接进之前破解的 WPA 网络。一旦连接成功，`wpa_supplicant` 会给出提示消息：**Connection to XXXX completed**。

4. 对于 WEP 和 WPA 网络，一旦连接成功，即可执行 `dhclient` 命令 `dhclient3 wlan0`，以 DHCP 的方式获取无线网络的 IP 地址。

实验说明

不能使用默认的 WiFi 实用工具 `iwconfig` 连接进 WPA/WPA2 网络。真正应该使用工具是 `wpa_supplicant`。在前面的实验中，向读者传授了如何使用该工具来连接进 WPA 网络。

随堂测验——WLAN 加密漏洞

Q1. 数据包重放攻击会用到以下哪几种数据包？

1. 解除验证数据包

2. 关联数据包

3. 加密的 ARP 数据包

　　　4．以上皆非

Q2．在什么情况下才能破解 WEP？

　　　1．任何情况下

　　　2．只有在选择使用了弱密钥/密码的情况下

　　　3．只有在某些特殊情况下

　　　4．只有在 AP 运行老版软件的情况下

4.13　总结

　　读者通过本章认识了 WLAN 加密。WEP 并非铁板一块，无论 WEP 密钥是什么，只要有足量的数据包样本，就绝对能够破解。目前，WPA/WPA2 密码是不可破解的；但是在特殊情况下，比如，当 WPA/WPA2-PSK 密码的强度不高时，就可以使用字典攻击来获取密码。

　　下一章会检视针对 WLAN 基础设施的各种攻击，比如，无赖 AP 攻击、evil twin 攻击等。

第 5 章
攻击 WLAN 基础设施

上兵伐谋。

——《孙子兵法》

本章将介绍如何攻击 WLAN 基础设施的核心，以攻击者的视角来着重介绍如何使用各种新的攻击矢量渗透进需要授权访问的网络，以及如何诱使授权的无线客户端连接自己。

WLAN 基础设施的作用是，为系统内的所有 WLAN 客户端提供无线服务。本章将检视以下几种针对无线网络基础设施发动的攻击：

- 钻 AP 的默认账户和默认"通行证"（credential）的空子；
- 拒绝服务攻击；
- evil twin 攻击和 AP MAC 地址欺骗攻击；
- 无赖 AP 攻击。

5.1 钻 AP 的默认账户和默认"通行证"的空子

WLAN AP 是无线网络基础设施的核心组件。虽然 AP 非常重要，但在安全方面，人们有时还不够重视。在下面这个实验里，首先会审查 AP 的默认密码是否已被更改。然后会继续"深挖"，看看更改后的密码是否易于猜测，是否仍能为基于字典的攻击所乘。

请注意，把话题切换到更高级的主题时，作者假定读者不但通读了之前的内容，而且业已掌握了所有攻击工具的使用方法。只有弄清了那些基本知识，才能试水更为复杂的攻击！

5.2 动手实验——破解 AP 的默认账户

请读者按以下步骤行事。

1. 连接 AP Wireless Lab，导航至其 HTTP 管理界面。可以看到，此 AP 的型号是 **TP-LINK Wireless N Router WR841N**，如图 5.1 所示。

图 5.1

2. 浏览 AP 制造商的网站，获悉此款 AP 的 admin 账户的默认密码为 admin。在 AP 的管理界面的登录页面上试了一下，成功登录。看看吧，用默认"通行证"破解账户有多容易。执行渗透测试之前，作者强烈建议读者在线获取 AP 的用户手册并仔细阅读。只有如此，在渗透测试进行过程中，方能检查出 AP 的某些配置方面的漏洞。

实验说明

上面的实验证明了若不更改 AP 的默认"通行证"，将会让整个无线网络落入敌手。还有就是，即便更改了默认"通行证"，也要改得复杂一点，至少不能被简单的字典攻击"钻空子"。

尝试突破——通过暴力手段破解账户

在之前的实验中，更改了 AP 的登录密码，使其难以猜测或难以在密码字典中查到，来了解此时是否仍能用暴力手段来破解密码[①]。限制密码的长度并限定使用的字符，在某些情况下可以破解成功。**Hydra** 是破解 HTTP 验证的最常用的工具之一，Kali Linux 提供了该工具。

5.3 拒绝服务攻击

WLAN 很容易遭受拒绝服务（DoS）攻击，攻击手段包括但不限于以下几种：

● 解除验证（deauthentication）攻击；

● 取消关联（disassociation）攻击；

● CTS-RTS 攻击；

● 信号干扰（signal interference）或频谱干扰（spectrum jamming）攻击。

本书将通过以下实验来揭示针对 WLAN 基础设施的解除验证攻击。

5.4 动手实验——解除验证 DoS 攻击

请读者按以下步骤行事。

1. 配置无线网络 `Wireless Lab`，启用开放验证，不加密，如图 5.2 所示。这样一来，就可以很容易地用 Wireshark 抓取并查看相关数据包。

2. 让无线客户端 Windows 主机连接 AP。通过 `airodump-ng` 工具的输出，可以看到该主机成功连接 AP，如图 5.3 所示。

---

① 其实本书并没有做这样的实验。——译者注

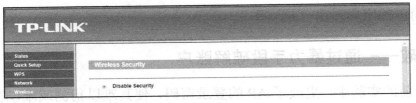

图 5.2

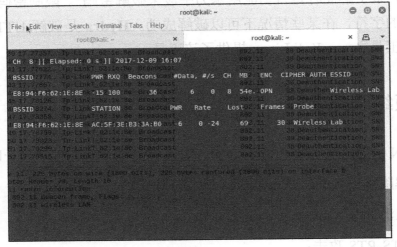

图 5.3

3．在攻击主机上，针对那台 Windows 主机发动定点解除验证攻击（directed deauthentication attack），如图 5.4 所示。

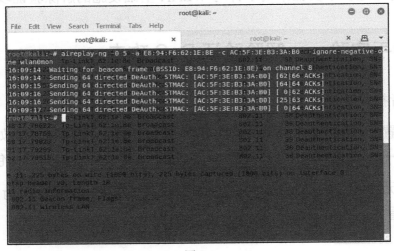

图 5.4

4. 请注意观察无线客户端 Windows 主机如何从 AP 完全掉线。在 `airodump-ng` 工具的输出中也可以证实这一点，如图 5.5 所示。

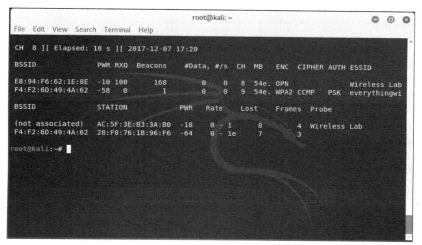

图 5.5

5. 若用 Wireshark 来查看相关流量，会看到之前"隔空发送"的大量解除验证数据包，如图 5.6 所示。

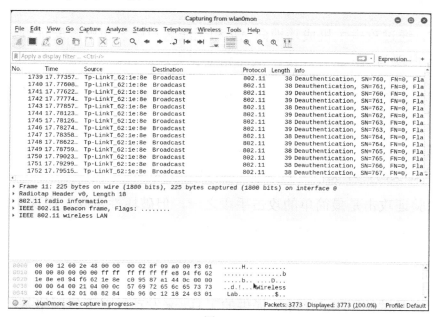

图 5.6

6. 还可以让攻击主机代表 AP 以广播方式向全网发出解除验证数据包，来发动相同的攻击。这会让所有已经连接 AP 的无线客户端掉线，如图 5.7 所示。

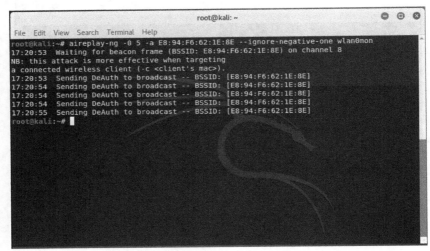

图 5.7

实验说明

之前，通过攻击主机成功地向 AP 和无线客户端发出解除验证帧。这会导致无线客户端与 AP 断开连接，从而完全丧失连通性。

此外，还以广播方式发出了解除验证数据包，这将造成周边所有无线客户端都无法成功地连接 AP。

请注意，由于无线客户端一旦掉线，还会尝试重接 AP，因此必须持续发动解除验证攻击，才能百分百保证 DoS 攻击的效果。

解除验证攻击是最简单的攻击手段之一，但破坏性奇高。在现实世界中，发动这样的攻击让无线网络彻底瘫痪，可一点都不难。

尝试突破

请读者尝试使用 Kali Linux 提供的工具，来发动针对无线网络基础设施的取消关联攻击。请问读者，能够发动广播模式的取消关联攻击吗？

5.5 evil twin 和 AP MAC 地址欺骗攻击

evil twin（克隆 AP）攻击是一种对 WLAN 基础设施杀伤力最强的攻击。这种攻击的基本思路是，在受攻击的 WLAN 网络附近部署受攻击者控制的"双胞胎"AP。此无赖 AP 会通告与受攻击的 WLAN 网络完全相同的 SSID。

许多无线网络用户可能会在不经意地连接这一无赖 AP，并视其为授权无线网络的一部分。一旦连接建立，攻击者就可以发动中间人攻击，在完整地窃听通信的同时透传流量。本书后面的内容会介绍如何发动中间人攻击。在现实世界中，evil twin 攻击最适合在攻击者与授权网络"零距离"的情况下发动，只有如此，用户才容易犯浑，才会在不经意间连接到攻击者搭建的无线网络。

要是 evil twin AP 的 MAC 地址再与受攻击 AP 的相同，那么这种攻击就更难检测和防范了。这里面还涉及 AP MAC 地址欺骗攻击！接下来将介绍如何搭建 evil twin AP，以及如何发动 AP MAC 地址欺骗攻击。

5.6 动手实验——配搭 MAC 地址欺骗的 evil twin 攻击

请读者按以下步骤行事。

1. 用 airodump-ng 工具来确定有待攻击的 AP 的 BSSID 和 ESSID，如图 5.8 所示，该 AP 也就是 evil twin AP 的克隆对象。

2. 凭借图 5.8 所示的信息，便可执行下面这条 airbase-ng 命令"克隆"出一新的 AP：airbase-ng -essid <your chosen ssid> -c <channel> <interface>，如图 5.9 所示。airbase-ng 工具的某些新的版本可能还会报一些小错。

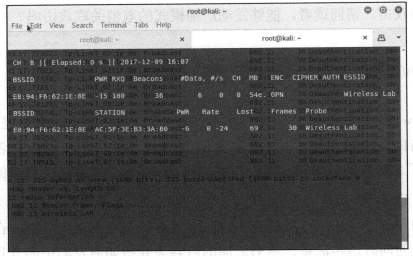

图 5.8

图 5.9

3. airodump-ng 工具自然能检测到这一新的 AP。请注意，需要另开一个终端窗口，执行下面这条 airodump-ng 命令：

airodump-ng -c <channel> wlan0mon

来看看这一克隆出的新 AP，请看图 5.10。

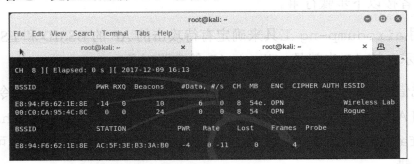

图 5.10

4. 执行下面这条命令，来伪装成受攻击的 AP 的 ESSID 和 MAC 地址。

```
airbase-ng -a <router mac> --essid "Wireless Lab" -c 11 wlan0mon
```

5. 现在，通过 `airodump-ng` 工具，也很难分清真假 AP 了（见图 5.11）。

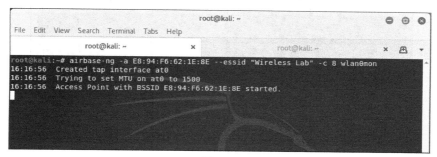

图 5.11

6. 即便借助 `airodump-ng` 工具，也看不出在同一个信道上实际运行着两台不同的物理 AP（见图 5.12）。这就是 evil twin 攻击最讨厌的地方。

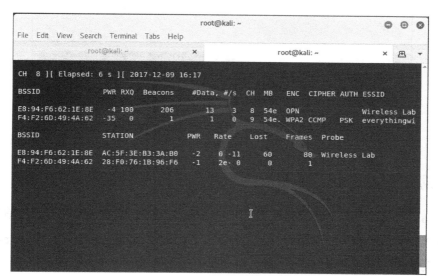

图 5.12

7. 向连接到受攻击 AP 的无线客户端发送解除验证帧，这会令其掉线重连，如图 5.13 所示。

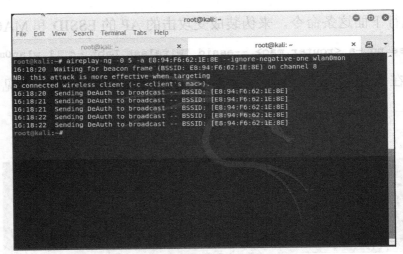

图 5.13

8．当 Kali Linux 攻击主机离某无线客户端更近时，其所提供的无线信号也会更强，这会令该无线客户端连接进 evil twin AP。请看图 5.14 所示的 airbase-ng 命令的输出。

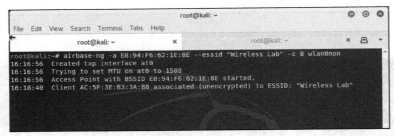

图 5.14

实验说明

之前，针对 AP Wireless Lab 先克隆出了一个"歹毒的双胞胎"（evil twin）AP，再发动解除验证攻击，让合法的无线客户端掉线后连接 Wireless Lab 的双胞胎兄弟，而非 Wireless Lab 真身。

请注意，倘若 AP Wireless Lab 启用了 WEP/WPA 之类的加密机制，那么发动攻击，执行流量窃取就会变得非常困难。在本书的后面内容里，会介绍如何发动 Caffe Latte 攻击，来破解 WEP 密钥。

尝试突破——evil twin 和跳频（channel hopping）攻击

请读者继续之前的实验，在不同的信道上发动 evil twin 攻击，并观察无线客户端在断线重连后，是如何跳频连接 AP 的。无线客户端是基于什么来决定其所连接的 AP 的呢？是基于信号强度吗？请通过实验来验证。

5.7　无赖 AP

无赖 AP 是指未经授权便连接到需要授权才能访问的网络（以后简称需授权网络）的 AP。一般而言，攻击者会将这样的 AP 作为私开的后门，能借其规避需授权网络中开启的所有安全控制机制。这就意味着执行网络边界防护任务的防火墙、入侵防御等系统将不能阻止黑客访问需要授权才能访问的网络。

在绝大多数情况下，无赖 AP 都会被设置为开放验证且不启用任何加密机制。可用以下两种方式来部署无赖 AP。

- 在需授权网络内部署实际的物理设备作为无赖 AP（这也是留给读者的家庭作业）。如此行事，不但会危害无线安全，还会危及需授权网络的物理安全。

- 以软件方式创建无赖 AP，并将其桥接至需授权网络的本地以太网网络。如此行事，用任何一台接入需授权网络的笔记本电脑都可以搭建出一台无赖 AP。接下来，会研究一下软件无赖 AP 的搭建方式。

5.8　动手实验——架设无赖 AP

请读者按以下步骤行事。

1. 在 Kali Linux 主机上用 `airbase-ng` 工具，激活无赖 AP，并为其分配一个 ESSID `Rogue`，如图 5.15 所示。

2. 在作为需授权网络一部分的（物理交换机）以太网接口和无赖 AP 接

口之间搭一座桥（完成桥接）。为此，要在 Kali Linux 中安装 `bridge-utils` 文件，创建一个网桥接口，并将其命名为 `Wifi-Bridge`：

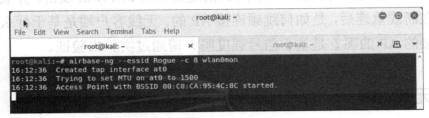

图 5.15

```
apt-get install bridge-utils
brctl addbr Wifi-Bridge
```

图 5.16 所示为执行上面那两条命令的输出。

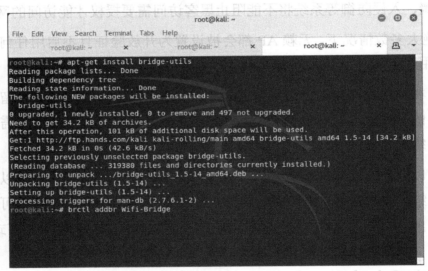

图 5.16

3. 执行以下命令，将以太网接口和由 `airbase-ng` 工具创建的虚拟接口 `at0` 桥接在一起：

```
brctl addif Wifi-Bridge eth0
brctl addif Wifi-Bridge at0
```

图 5.17 所示为执行上面那两条命令的输出。

图 5.17

4．执行以下命令，激活那两个接口，启用网桥：

```
ifconfig eth0 0.0.0.0 up
ifconfig at0 0.0.0.0 up
```

图 5.18 所示为执行上面那两条命令的输出。

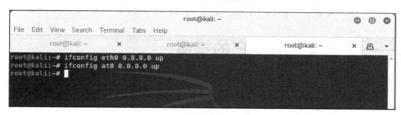

图 5.18

5．执行以下命令，激活 Kali Linux 内核的 IP 转发功能，确保数据包能在上述两个接口之间得到转发：

```
echo 1 > /proc/sys/net/ipv4/ip_forward
```

图 5.19 所示为执行上面那两条命令的输出。

图 5.19

6．太好了，收工。现在，任一无线客户端只要连接了那台刚搭建的无赖 AP，都可以通过无线-有线 **Wifi-Bridge**，全方位访问原本需要授权才能访问的网络。可让一台无线客户端连接无赖 AP，来看看是不是这样。

7．执行以下命令，激活网桥：

```
ifconfig Wifi-Bridge up
```

8．请注意，连接无赖 AP 的无线客户端将会从需授权 LAN 内的 DHCP 服务器（daemon）接收 IP 地址。

9．有了这样一台无赖 AP，就可以从连接其的无线客户端访问需授权有线网络内的任一主机了。

实验说明

前面搭建了一台无赖 AP，用其在"自建"的无线网络和需要授权才能访问的 LAN 之间桥接流量。如读者所见，这会对需授权网络的安全产生极大的威胁，因为任一无线客户端都可以通过那台无赖 AP 桥接进有线网络。

尝试突破——高难度无赖 AP 的搭建

请读者尝试搭建一台无赖 AP，并启用基于 WPA/WPA2 的加密机制，使其在无线网络中看起来跟合法 AP 一样。

随堂测验——攻击 WLAN 基础设施

Q1．无赖 AP 一般会启用什么加密机制？

    1．不启用任何加密机制

    2．WEP

    3．WPA

    4．WPA2

Q2．执行 evil twin 攻击时，将 evil twin AP 的 MAC 地址设置的跟需授权 AP 的相同，能体现哪些"优点"？

    1．会让侦测 evil twin AP 更加困难

    2．会迫使无线客户端连接 evil twin AP

    3．会增加 evil twin AP 的信号强度

4．以上皆非

Q3．DoS 攻击会造成什么影响？

1．会全面降低网络的吞吐量

2．不会对无线客户端造成影响

3．只有知晓无线网络的 WEP/WPA/WPA2 "通行证"，才能发动 DoS 攻击

4．以上皆是

Q4．无赖 AP 会造成什么影响，如何搭建？

1．开辟了一扇进入授权网络的 "后门"

2．无赖 AP 只启用 WPA2 加密机制

3．既可用基于软件的 AP 搭建，也能用物理设备来搭建

4．1 和 3

5.9 总结

本章探讨了以下几种危害无线 LAN 基础设施安全的手段：

● AP 的默认账户和 "通行证"；

● 拒绝服务攻击；

● evil twin 攻击和 MAC 地址欺骗攻击；

● 企业网内的无赖 AP。

下一章将介绍几种攻击无线 LAN 客户端的方法。搞笑的是，大多数网管人员压根就不认为无线客户端也存在安全问题。读者将会发现这样的想法和事实之间到底有多大差距。

第6章
攻击无线客户端

系统的安全程度是由其最脆弱的一环来决定的。

——信息安全领域的名言

大多数渗透测试人员似乎都把全部精力集中在了 WLAN 基础设施上面，对无线客户端甚至都不屑一顾。可搞笑的是，黑客也能通过入侵无线客户端，来获得授权网络的访问权限。

本章将把目光从 WLAN 基础设施转移至无线客户端。无线客户端既可以是已连接至 AP 的主机，也可以是孤立的未与 AP 关联的主机。读者将会看到可针对无线客户端发动的各种攻击。

本章涵盖以下主题：

- 蜜罐和误关联（misassociation）攻击；
- Caffe Latte 攻击；
- 解除验证和取消关联攻击；
- Hirte 攻击；
- 在不碰 AP 的情况下，破解 WPA-Personal。

6.1 蜜罐和误关联攻击

通常，当诸如笔记本电脑之类的无线客户端启动完毕时，会探测之前曾经连接过的无线网络。对基于 Windows 系统的无线客户端而言，那些连接过的无线网络会存储在一张名为首选网络列表（Preferred Network List，PNL）的表里。除了那张表里的无线网络之外，Windows 无线客户端还会显示出其无线网卡接收范围内所有可供连接的无线网络。

为了发动攻击，黑客有可能会采取以下一或多个举动。

- 暗中监视无线客户端对无线网络的探测，搭建 ESSID 与无线客户端所搜相同的无赖 AP。这样一来，无线客户端就会连接至黑客主机（无赖 AP），将其视为合法的 AP。

- 搭建 ESSID 与附近的 AP 相同的无赖 AP，诱使无线客户端来连接。此类攻击在咖啡店或机场很容易实施，因为只有在这样的地方，才会有很多用户搜寻可用的 WiFi 热点。

- 用记录的信息来了解被攻击者的行为和习惯，本书后文会对此做详细介绍。

上述攻击被称为蜜罐攻击，因为这会让合法的用户误关联至黑客的 AP。

接下来，将会在实验环境里展示这些攻击。

6.2 动手实验——发动误关联攻击

请按以下步骤行事。

1. 在之前的实验里，都是让无线客户端连接到 AP Wireless Lab。在本实验里，只启动无线客户端，不启动真正的 AP Wireless Lab。然后在攻击主机上执行 airodump-ng wlan0mon 命令，观察其输出。很快就会发现无线客户端不但处于非关联模式，而且还在按照本机存储的配置文件，探测包括 Wireless Lab 在内的多个无线网络的 SSID，如图 6.1 所示。

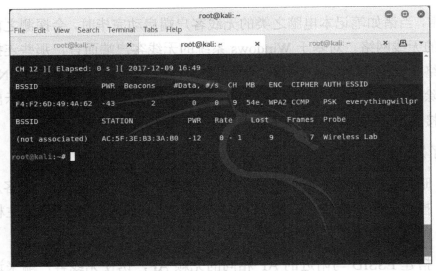

图 6.1

2. 要想弄清事情的内在，请在攻击主机上运行 Wireshark，令其通过接口 wlan0mon 抓包。可以料到，在 Wireshark 抓包主窗口中可能会出现很多与本实验无关的数据包。还得应用显示过滤器，令 Wireshark 只显示由那台无线客户端发出的探测请求数据包，如图 6.2 所示。显示过滤器的写法应该是：wlan.addr==<your mac> && wlan.fc.subtype==0x04。

3. 显示过滤器一经应用，Wireshark 抓包主窗口应该只会显示无线客户端发出的探测请求数据包，其中包含的 SSID 都是该客户端先前识别的。

4. 在黑客（Kali Linux）主机上执行以下命令，激活一台打着无线网络名号 Wireless Lab 的 AP，如图 6.3 所示。

```
airbase-ng -a <MAC> --essid "Wireless Lab" -c <channel> wlan0mon
```

5. 不消一分钟，无线客户端应该会自动连接黑客主机。由图 6.4 可知，欺骗未关联的无线客户端关联到自己有多简单。

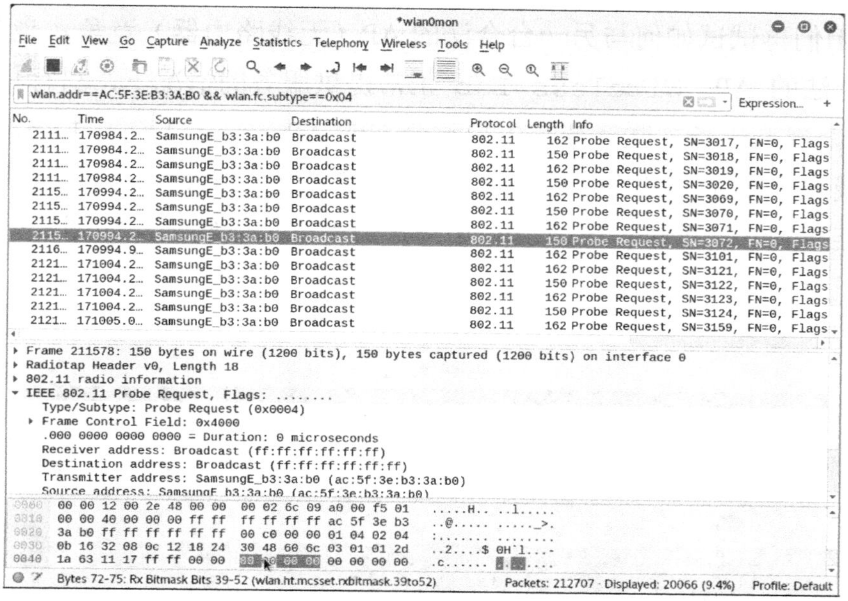
*wlan0mon
File Edit View Go Capture Analyze Statistics Telephony Wireless Tools Help
wlan.addr==AC:5F:3E:B3:3A:B0 && wlan.fc.subtype==0x04
Expression...
No. Time Source Destination Protocol Length Info
2111… 170984.2… SamsungE_b3:3a:b0 Broadcast 802.11 162 Probe Request, SN=3017, FN=0, Flags
2111… 170984.2… SamsungE_b3:3a:b0 Broadcast 802.11 150 Probe Request, SN=3018, FN=0, Flags
2111… 170984.2… SamsungE_b3:3a:b0 Broadcast 802.11 162 Probe Request, SN=3019, FN=0, Flags
2111… 170984.2… SamsungE_b3:3a:b0 Broadcast 802.11 150 Probe Request, SN=3020, FN=0, Flags
2115… 170994.2… SamsungE_b3:3a:b0 Broadcast 802.11 162 Probe Request, SN=3069, FN=0, Flags
2115… 170994.2… SamsungE_b3:3a:b0 Broadcast 802.11 150 Probe Request, SN=3070, FN=0, Flags
2115… 170994.2… SamsungE_b3:3a:b0 Broadcast 802.11 162 Probe Request, SN=3071, FN=0, Flags
2115… 170994.2… SamsungE_b3:3a:b0 Broadcast 802.11 150 Probe Request, SN=3072, FN=0, Flags
2116… 170994.9… SamsungE_b3:3a:b0 Broadcast 802.11 162 Probe Request, SN=3101, FN=0, Flags
2121… 171004.2… SamsungE_b3:3a:b0 Broadcast 802.11 162 Probe Request, SN=3121, FN=0, Flags
2121… 171004.2… SamsungE_b3:3a:b0 Broadcast 802.11 150 Probe Request, SN=3122, FN=0, Flags
2121… 171004.2… SamsungE_b3:3a:b0 Broadcast 802.11 162 Probe Request, SN=3123, FN=0, Flags
2121… 171004.2… SamsungE_b3:3a:b0 Broadcast 802.11 150 Probe Request, SN=3124, FN=0, Flags
2121… 171005.0… SamsungE_b3:3a:b0 Broadcast 802.11 162 Probe Request, SN=3159, FN=0, Flags
Frame 211578: 150 bytes on wire (1200 bits), 150 bytes captured (1200 bits) on interface 0
Radiotap Header v0, Length 18
802.11 radio information
IEEE 802.11 Probe Request, Flags: ....
Type/Subtype: Probe Request (0x0004)
Frame Control Field: 0x4000
.000 0000 0000 0000 = Duration: 0 microseconds
Receiver address: Broadcast (ff:ff:ff:ff:ff:ff)
Destination address: Broadcast (ff:ff:ff:ff:ff:ff)
Transmitter address: SamsungE_b3:3a:b0 (ac:5f:3e:b3:3a:b0)
Bytes 72-75: Rx Bitmask Bits 39-52 (wlan.ht.mcsset.rxbitmask.39to52)
Packets: 212707 · Displayed: 20066 (9.4%)
Profile: Default

图 6.2

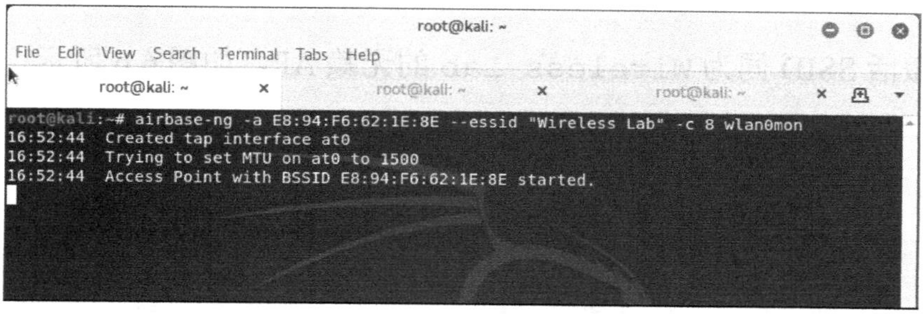
root@kali: ~
File Edit View Search Terminal Tabs Help
root@kali: ~
root@kali:~# airbase-ng -a E8:94:F6:62:1E:8E --essid "Wireless Lab" -c 8 wlan0mon
16:52:44 Created tap interface at0
16:52:44 Trying to set MTU on at0 to 1500
16:52:44 Access Point with BSSID E8:94:F6:62:1E:8E started.

图 6.3

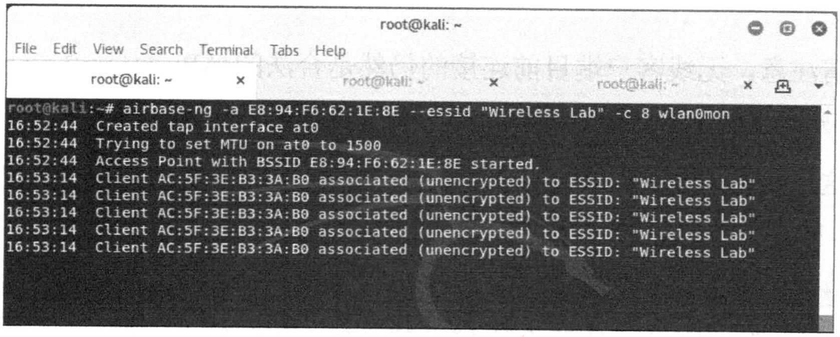
root@kali: ~
File Edit View Search Terminal Tabs Help
root@kali: ~
root@kali:~# airbase-ng -a E8:94:F6:62:1E:8E --essid "Wireless Lab" -c 8 wlan0mon
16:52:44 Created tap interface at0
16:52:44 Trying to set MTU on at0 to 1500
16:52:44 Access Point with BSSID E8:94:F6:62:1E:8E started.
16:53:14 Client AC:5F:3E:B3:3A:B0 associated (unencrypted) to ESSID: "Wireless Lab"
16:53:14 Client AC:5F:3E:B3:3A:B0 associated (unencrypted) to ESSID: "Wireless Lab"
16:53:14 Client AC:5F:3E:B3:3A:B0 associated (unencrypted) to ESSID: "Wireless Lab"
16:53:14 Client AC:5F:3E:B3:3A:B0 associated (unencrypted) to ESSID: "Wireless Lab"
16:53:14 Client AC:5F:3E:B3:3A:B0 associated (unencrypted) to ESSID: "Wireless Lab"

图 6.4

6．咱们再试试如何与另一台合法的 AP（无线路由器）竞争。也就是说，将会在合法的 AP Wireless Lab 正常提供服务的情况下，另行搭建一同名的 AP，展开一场关联竞赛。先启动合法的 AP Wireless Lab，确保其可为无线客户端提供服务。这一次，将该 AP 的信道设置为 13，让无线客户端正常连接到它。可执行 airodump-ng 命令来加以验证，如图 6.5 所示。

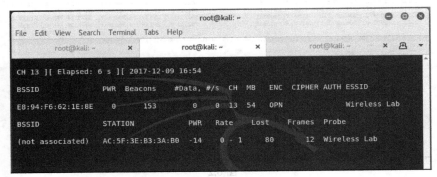

图 6.5

7．激活 SSID 同为 Wireless Lab 的无赖 AP，如图 6.6 所示。

图 6.6

8．请注意，无线客户端目前连接的仍然是合法的 AP Wireless Lab，如图 6.7 所示。

9．这就代替合法的 AP 以广播方式向无线客户端发出解除验证消息，令其掉线，如图 6.8 所示。

对无线客户端而言，若无赖 AP Wireless Lab 提供的信号强度要比同名的合法 AP 强，则其断线后会连接无赖 AP，而非合法 AP。

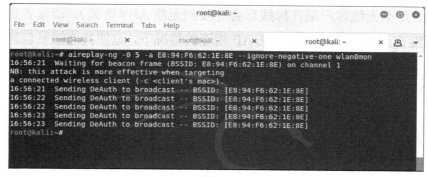

图 6.7

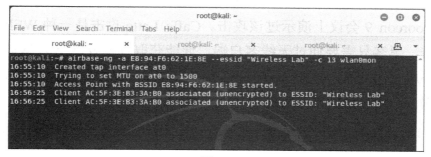

图 6.8

通过 airbase-ng 命令的输出，可以判断出无线客户端重新关联到了无赖 AP，如图 6.9 所示。

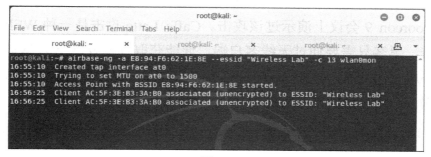

图 6.9

实验说明

前面根据不同的实验实施了两种蜜罐攻击：根据无线客户端的无线网络探测列表；根据周边 AP 的 ESSID。对于第一种蜜罐攻击，无线客户端会自动连接蜜罐，因其正在搜索无线网络。对于第二种蜜罐攻击，由于无线客户端与蜜罐之间的距离短于与合法 AP 之间的距离，因此蜜罐提供的无线信号更强，从而导致无线客户端连接到蜜罐。

尝试突破——迫使无线客户端连接蜜罐

在之前的实验里，要是无线客户端不自动连接蜜罐，该如何行事？此时，必须发出解除验证数据包，让无线客户端断开与合法 AP 的连接，要是蜜罐提供的信号更强，那么无线客户端在掉线后会连接到无赖 AP（蜜罐）。请读者尝试一下，看看能不能在无线客户端已与合法 AP 相连的情况下，迫使其连接至自建的蜜罐。

6.3　Caffe Latte 攻击

在执行蜜罐攻击的过程中，读者应该注意，无线客户端会不停地探测之前连接过的无线网络的 SSID。要是无线客户端之前连接过启用了 WEP 机制的 AP，则某些 OS（比如 Windows）会缓存并存储 WEP 密钥。无线客户端下次重连同一 AP 时，Windows 无线配置管理器会自动使用之前存储的密钥。

Caffe Latte 攻击由 Vivek（本书的作者之一）最先发明，他还在美国圣地亚哥的 Toorcon 9 会议上演示过该攻击。Caffe Latte 攻击是一种 WEP 攻击，借此攻击，黑客只需要通过无线客户端，便能获取到授权网络的 WEP 密钥。该攻击不用让无线客户端接近需要授权才能访问的 WEP 网络，通过孤立的无线客户端，即可破解 WEP 密钥。

接下来将展示如何发动 Caffe Latte 攻击，从无线客户端获取无线网络的 WEP 密钥。

6.4 动手实验——发动 Caffe Latte 攻击

请读者按以下步骤行事。

1. 设置无线网络 Wireless Lab 中的合法 AP，开启 WEP 机制，启用十六进制的密钥：ABCDEFABCDEFABCDEF12，如图 6.10 所示。

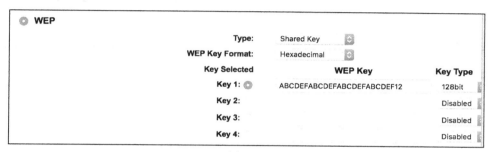

图 6.10

让无线客户端连接该 AP，同时在 Kali Linux 主机上用 airodump-ng 工具来验证是否连接成功，如图 6.11 所示。

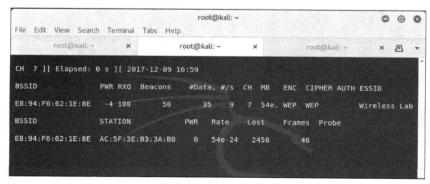

图 6.11

2. 将 AP 断电，确保无线客户端处于未关联状态，使其搜寻 WEP 网络 Wireless Lab。

3. 在 Kali Linux 主机上动用 airbase-ng 工具，执行 airbase-ng -a <AP MAC> -essid <AP SSID> -L -W 1 -c <channel> wlan0mon 命令，

激活 SSID 为 Wireless Lab 的无赖 AP，如图 6.12 所示。

图 6.12

4．只要无线客户端连接该无赖 AP，airbase-ng 工具就会发动 Caffe Latte 攻击，如图 6.13 所示。

图 6.13

5．启动 airodump-ng 工具，令其只采集来自无赖 AP 的数据包，手法跟之前的 WEP 破解操作差不多，具体的命令格式为：airodump-ng wlan0mon -c <AP channel> --essid <AP SSID> -w <prefix>，如图 6.14 所示。

6．同时启动 aircrack-ng 工具，开始密钥破解进程，手法等同于之前的 WEP 破解操作，具体的命令是 aircrack-ng filename，其中 filename 是 airodump-ng 工具所创建的文件的名称。

图 6.14

实验说明

前面的实验显示，可从无线客户端成功获取到 WEP 密钥，其周围无须存在实际在用的 AP。这彰显了 Caffe Latte 攻击的威力。

一般而言，开启了 WEP 的 AP 无须向无线客户端证明其知道 WEP 密钥，即可接收加密流量。连接到新网络后，无线设备最先向无线路由器（AP）发送的流量总会是请求解析某个 IP 的 ARP 请求数据包。

Caffe Latte 攻击的运作机制是，在无线客户端宣布与非法搭建的无赖 AP 关联时，"翻位"（bit flipping）并重新释放（replay）由其出的 ARP 数据包。这些"翻位"的 ARP 请求数据包会"招来"更多由其他无线客户端发出的 ARP 应答数据包。

"翻位"是指要先取一个加密值，再加以改变，另行创建一个加密值。这样一来，就可以用一个经过加密的 ARP 请求数据包，来精确创建一个 ARP 响应数据包。一旦发回了有效的 ARP 响应数据包，就可以一遍又一遍地重放这个值，来生成解密 WEP 密钥所需的流量。

请注意，上述所有数据包都用无线客户端存储的 WEP 密钥来加密。只要能够大量收集这样的数据包，aircrack-ng 工具恢复起 WEP 密钥来可谓小菜一碟。

常识突破——实践出真知！

请读者更改 WEP 密钥，再次尝试发动重放攻击。这样的攻击难度较高，读者需要多动脑筋才能顺利完成。给读者一点提示，用 Wireshark 抓取并细查无线网络内的流量。

6.5　解除验证和取消关联攻击

在本书之前的内容里，从 AP 的角度介绍了解除验证攻击。本节将从无线客户端的角度来介绍解除验证攻击。

在接下来的实验里，将会向无线客户端发送解除验证数据包，来尝试中断其与 AP 之间的连接。

6.6　动手实验——解除对无线客户端的验证

请读者按以下步骤行事。

1. 给 AP　Wireless Lab 加电，让其上线运行。继续开启该 AP 的 WEP 功能，以证明即便启用了加密机制，也照样能对 AP 和无线客户端之间的连接发起攻击。先登录 Kali Linux，用 airodump-ng 工具验证 AP 是否已上线运行，如图 6.15 所示。

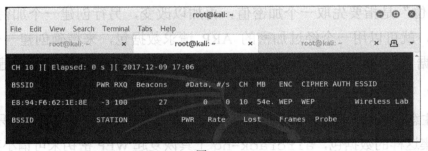

图 6.15

2. 让无线客户端连接 AP，用 airodump-ng 工具验证是否连接成功，如图 6.16 所示。

3. 在 Kali Linux 上用 aireplay-ng 工具攻击无线客户端与 AP 所建连接，如图 6.17 所示。

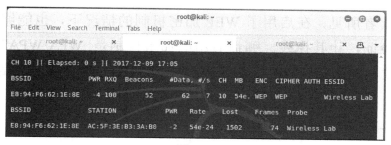

图 6.16

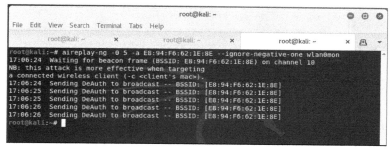

图 6.17

4. 无线客户端会掉线并尝试重连 AP。可用 Wireshark 来验证是不是这样，验证方法之前介绍过了，如图 6.18 所示。

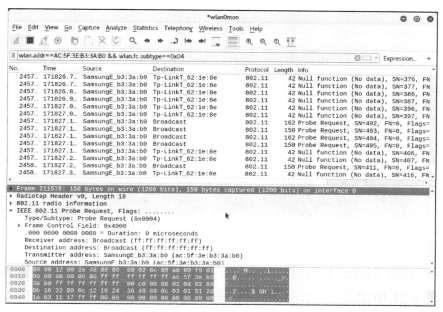

图 6.18

5．如读者所见，在启用了 WEP 加密机制的情况下，也能够解除无线客户端的验证，让其掉线。哪怕启用的加密机制是 WPA/WPA2，该攻击也同样生效。现在就到 AP 上启用 WPA 加密机制，来看看是不是这样（见图 6.19）。

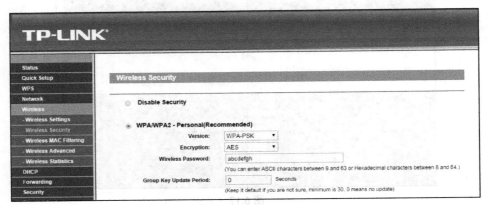

图 6.19

6．让无线客户端再次连接 AP，并验证是否连接成功，如图 6.20 所示。

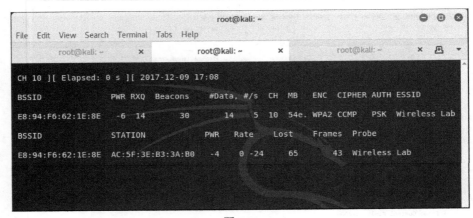

图 6.20

7．到 Kali Linux 上动用 aireplay-ng 工具，让无线客户端从 AP 上掉线，如图 6.21 所示。

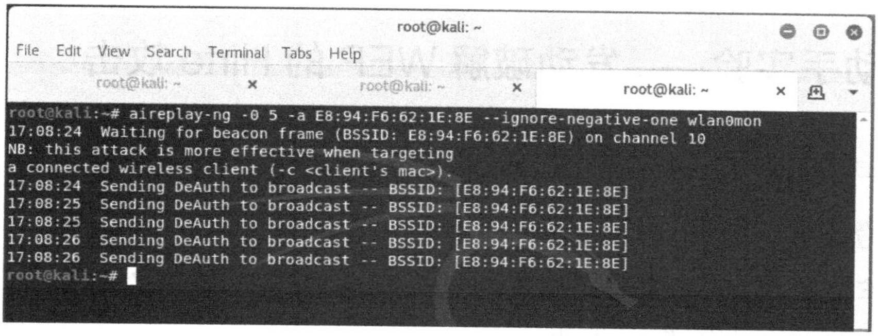

图 6.21

实验说明

之前向读者传授了在开启了加密机制（如 WEP / WPA / WPA2）的情况下，如何发送解除验证帧，有选择地让无线客户端从 AP 掉线。具体的操作方法是，针对 AP 和特定无线客户端之间的连接发送解除验证帧，而不是面向整个无线网络以广播方式发送解除验证帧。

尝试突破——针对无线客户端的取消关联攻击

在之前的实验中，读者见识了如何发动解除验证攻击，让无线客户端掉线。请读者仔细研究如何发送取消关联数据包，让无线客户端从 AP 掉线。

6.7 Hirte 攻击

之前向读者介绍了如何发动 Caffe Latte 攻击。Hirte 攻击是对 Caffe Latte 攻击的改进，使用分片技术，几乎会动用所有类型的数据包。

欲知更多有关 Hirte 攻击的信息，请访问 Aircrack-ng 工具的官网。

接下来，会用 aircrack-ng 工具针对同一个无线客户端发动 Hirte 攻击。

6.8 动手实验——发动破解 WEP 的 Hirte 攻击

请读者按以下步骤行事。

1. 登录 Kali Linux，用 `airbase-ng` 工具搭建一个与发动 Caffe Latte 攻击时完全相同的 AP，也启用 WEP。执行 `airbase-ng` 命令时，用选项`-N` 替换之前的`-L`，如图 6.22 所示。

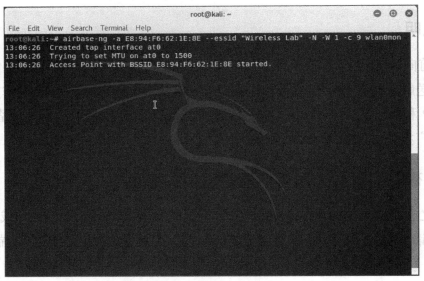

图 6.22

2. 另开一个终端窗口，用 `airodump-ng` 工具从蜜罐无线网络 `Wireless Lab` 中抓取数据包，如图 6.23 所示。

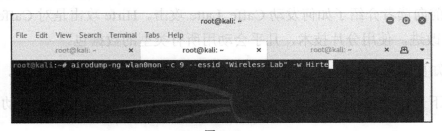

图 6.23

3．现在，`airodump-ng` 开始监控这一蜜罐无线网络，同时会将抓到的数据包存储进 `Hirte-01.cap` 文件，如图 6.24 所示。

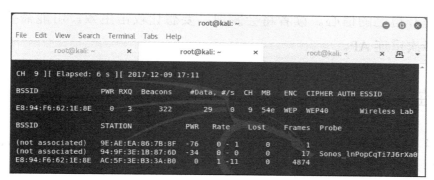

图 6.24

4．只要漫游的无线客户端连接进蜜罐 AP，`airbase-ng` 工具会自动发起 Hirte 攻击，如图 6.25 所示。

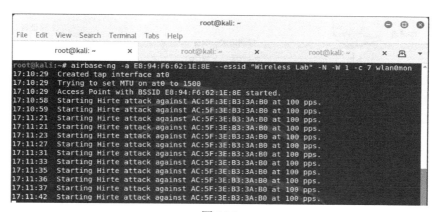

图 6.25

5．像发动 Caffe Latte 攻击时那样启动 `aircrack-ng` 工具，最终将破解密钥。

实验说明

在前面的实验中，演示了如何针对孤立的远离授权网络的 WEP 无线客户端发动 Hirte 攻击，破解 WEP 密钥使用的手法与 Caffe Latte 攻击一模一样。

尝试突破——实践实践再实践

建议读者在无线客户端上设置不同的 WEP 密钥，对上面这个实验多加练习，来提升自己的信心。读者将会发现，要想让攻击生效，可能需要让无线客户端多次重连 AP。

6.9 在不碰 AP 的情况下，破解 WPA-Personal

第 4 章向读者传授了如何使用 `aircrack-ng` 工具来破解 WPA/WPA2 PSK。基本思路是先抓取 WPA 4 次握手消息，再发动字典攻击。

先问一个价值千金的问题：有没有可能在不碰 AP 只碰无线客户端的情况下，破解 WPA-Personal？

为了唤醒读者的记忆，来重温一下 WPA 破解实验，请看图 6.26。

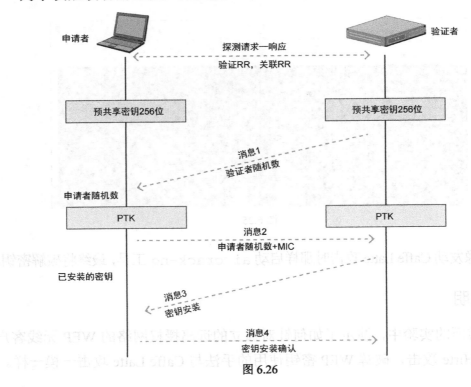

图 6.26

要想破解 WPA，需从 4 次握手消息中获取 4 个参数：验证者随机数（**Authenticator Nounce，ANonce**）、申请者随机数（**Supplicant Nounce，SNonce**）、验证者 MAC 地址（Authenticator MAC）以及申请者 MAC 地址（Supplicant MAC）。有趣的是，无须从与 4 次握手相对应的 4 条消息中提取上述信息，有两条消息就够了：消息 1、2 或消息 2、3。

要破解 WPA-PSK，需搭建一个 WPA-PSK 蜜罐，当无线客户端连接这个蜜罐时，只有消息 1 和消息 2 会正常传递。由于黑客不知道密码，因此蜜罐无法发出消息 3。但是，消息 1 和消息 2 包含了开启密钥破解过程所需的全部信息（见图 6.27）。

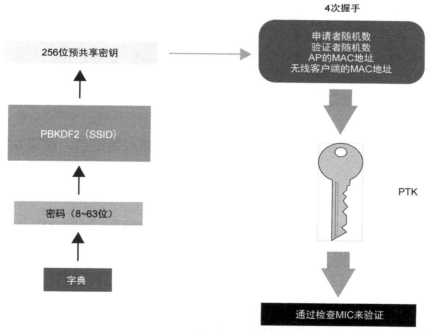

图 6.27

6.10　动手实验——在不碰 AP 的情况下，破解 WPA

1. 在 Kali Linux 主机上执行 `airbase-ng` 命令，让 ESSID 为 `Wireless`

Lab 的 WPA-PSK 蜜罐上线运行，如图 6.28 所示。执行 airbase-ng 命令时，若附带选项-z 2，则会让一个启用了 TKIP 机制的 WPA-PSK 蜜罐上线。

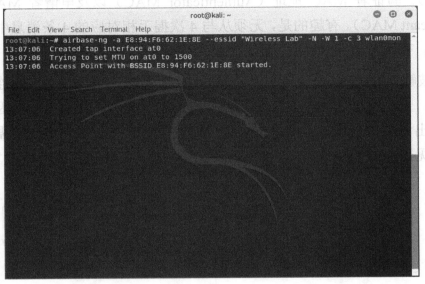

图 6.28

2．启动 airodump-ng 工具，从蜜罐网络抓取数据包，如图 6.29 所示。

图 6.29

3．当漫游的无线客户端连接该蜜罐 AP 时，会执行 WPA 握手，但在消息 2 之后便无法继续，这在前面已经提到；不过，破解握手所需的数据却已经弄到手了。

4．使用 aircrack-ng 工具，在执行 aircrack-ng 命令时，调用之前用过的字典文件以及通过 airodump-ng 工具生成的抓包文件。最终，成功破解了密码。

实验说明

在只碰无线客户端的情况下就可以破解 WPA 密钥。之所以能破解，是因为只要能抓到 WPA 4 次握手的前两条消息，也就掌握了针对握手发动的字典攻击所需要的全部信息了。

尝试突破——在不碰 AP 的情况下，破解 WPA

建议读者在无线客户端上设置不同的 WEP 密钥，对上面这个实验多加练习，来提升自己的信心[1]。读者将会发现，要想让攻击生效，可能需要让无线客户端多次重连 AP。

随堂测验——攻击无线客户端

Q1. Caffe Latte 攻击可以恢复以下哪一种加密密钥？

　　1. 恢复不了

　　2. WEP

　　3. WPA

　　4. WPA2

Q2. 蜜罐 AP 一般会启用以下哪一种加密验证机制？

　　1. 不加密，开放验证

　　2. 不加密，共享验证

　　3. WEP 加密，开放验证

　　4. 以上皆非

Q3. 以下哪一种攻击属于 DoS 攻击？

---

① 原文是 "We recommend setting different WEP keys on the client and trying this exercise a couple of times to gain confidence."。——译者注

1．误关联攻击

2．解除验证攻击

3．取消关联攻击

4．2 和 3

Q4．Caffe Latte 攻击的先决条件是什么？

1．无线客户端在 AP 的无线覆盖范围以内

2．无线客户端缓存并存储了 WEP 密钥

3．至少 128 位的 WEP 加密

4．1 和 3

6.11　总结

读过本章，读者应该了解到即使是无线客户端也很容易遭受各种攻击，包括：蜜罐和误关联攻击；从无线客户端获取密钥的 Caffe Latte 攻击；会发展为拒绝服务攻击的解除验证和取消关联攻击；Hirte 攻击，一种从漫游的无线客户端获取 WEP 密钥的替代攻击手段；在只碰无线客户端的情况下发起的 WPA-Personal 密码破解攻击。

下一章将会向读者传授如何运用之前学到的知识，同时在无线客户端和基础设施端发动高级无线攻击。请读者赶紧翻到下一页！

第 7 章
高级 WLAN 攻击

欲知敌，先为敌（To know your enemy, you must become your enemy）。

——佚名

身为渗透测试人员，弄清黑客能发动什么样的高级攻击非常重要，哪怕在渗透测试期间无须审查或演示这样的攻击。本章会重点揭示黑客如何将无线接入作为起点来发动高级攻击。

本章将会向读者展示如何运用之前传授的知识来发动高级攻击。本章首先介绍中间人（MITM）攻击，要想顺利发动这种攻击，还需要一定的技巧和经验。在这之后，将以 MITM 攻击为基础，介绍更为复杂的攻击，比如，窃听和会话劫持攻击。

本章涵盖以下主题：

- MITM 攻击；
- 基于 MITM 的无线网络窃听；
- 基于 MITM 的会话劫持。

7.1 中间人攻击

MITM 攻击或许是对 WLAN 系统威胁最大的攻击之一了。这种攻击的发动手法层出不穷。本节将介绍最常见的一种：攻击者先通过有线 LAN 接入 Internet，再用无线网卡搭建无赖 AP。该无赖 AP 会广播与周边的热点类似或相同的 SSID。用户可能会在不经意间连接该无赖 AP（或被迫连接该无赖 AP，原因是其提供的无线信号更强，这在之前已一再提及），并一直认为自己连接的就是合法 AP。

其后，攻击者就可以利用其有线网卡和无线网卡之间创建的网桥，将用户的所有流量透传至 Internet。

接下来将模拟这样的攻击手段。

7.2　动手实验——中间人攻击

请读者按以下步骤行事。

1．要想发动之前提及的 MITM 攻击，得在攻击主机（Kali Linux 主机）上用 airbase-ng 工具搭建一个名为 mitm 的软 AP。请执行以下命令：

```
airbase-ng --essid mitm -c 11 wlan0mon
```

命令的输出如图 7.1 所示。

图 7.1

2．请注意，执行 airbase-ng 命令，会创建一个接口 at0（tap 接口），请将其视为基于软件的 AP mitm 的有线网络接口（见图 7.2）。

3．在攻击主机上搭一座网桥，其拥有两个端口：一个有线端口（eth0）和一个无线端口（at0）。请执行如下命令（见图 7.3）。

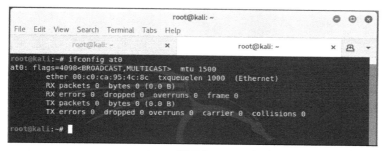

图 7.2

- ```
  brctl addbr mitm-bridge
  ```

- ```
  brctl addif mitm-bridge eth0
  ```

- ```
  brctl addif mitm-bridge at0
  ```

- ```
  ifconfig eth0 0.0.0.0 up
  ```

- ```
  ifconfig at0 0.0.0.0 up
  ```

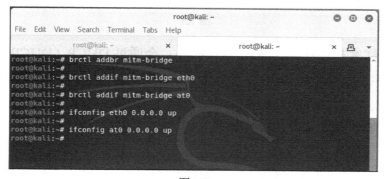

图 7.3

4. 为这座网桥分配一个 IP 地址，并验证其与网关间的 IP 连通性。请注意，网桥的 IP 地址也可以通过 DHCP 来动态获取。为网桥接口分配 IP 地址的命令如下所示（见图 7.4）。

```
ifconfig mitm-bridge 192.168.0.199 up
```

试着 ping 一下网关 192.168.0.1，确保与其他网络的 IP 连通性。
```

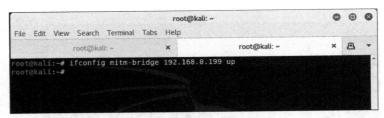

图 7.4

5．执行以下命令，激活 Kali Linux 主机内核的 IP 转发功能，让攻击主机能顺利地在上述两块网卡之间路由和转发数据包：

```
echo 1 > /proc/sys/net/ipv4/ip_forward
```

命令的输出如图 7.5 所示。

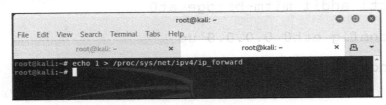

图 7.5

6．当无线客户端连接进 AP mitm 时，会通过 DHCP（DHCP 服务器就是有线网络的网关）自动获取一个 IP 地址。对于本例，无线客户端获取的 IP 地址为 192.168.0.197（见图 7.6）。可以 ping 有线网络的网关 192.168.0.1 来验证 IP 连通性。

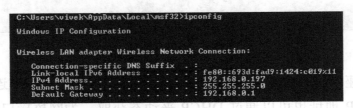

图 7.6

7．能顺利 ping 通有线网络的网关 IP，如图 7.7 所示。

8．登录攻击主机，打开一个终端窗口，执行 airbase-ng 命令，验证无线客户端是否连上了 AP mitm，如图 7.8 所示。

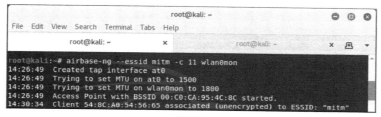

图 7.7

图 7.8

9. 有意思的是，由于所有流量都会从无线接口透传至有线网络，因此可以在攻击主机上对流量做全方位的控制。启动 Wireshark，令其从接口 at0 抓取数据包，来看看是不是这样，如图 7.9 所示。

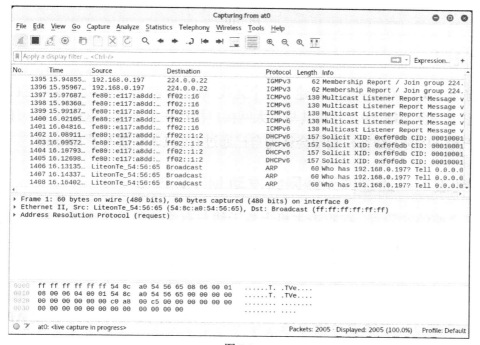

图 7.9

10.到无线客户端上 ping 网关 IP `192.168.0.1`。在攻击主机的 Wireshark 抓包主窗口中，可以看到相应的数据包（请应用显示过滤器 ICMP），虽然这些 ICMP 数据包的源、目的 IP 地址并非攻击主机自身，如图 7.10 所示。MITM 攻击的威力可见一斑。

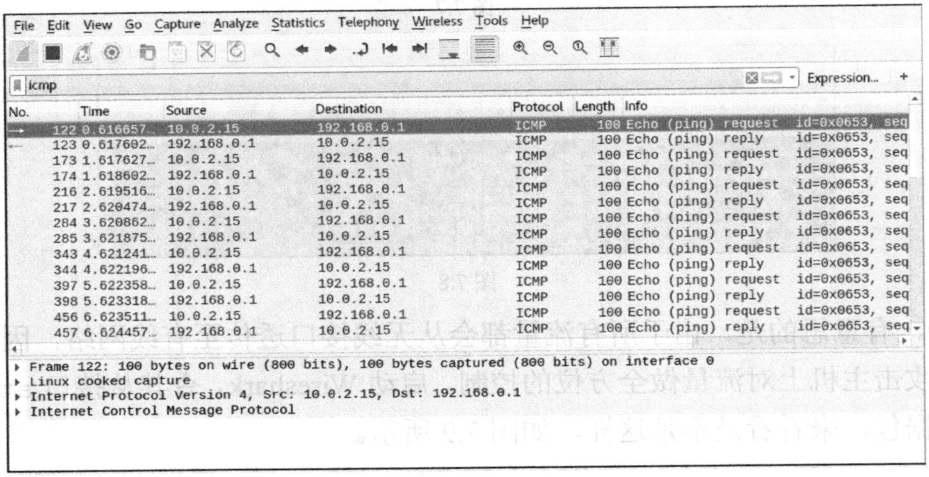

图 7.10

实验说明

前面在实验环境中成功搭建了一个无线 MITM 攻击平台。在攻击主机上，捣鼓出了一台无赖 AP，并将其与以太网接口桥接在了一起。这样一来，任何连接该无赖 AP 的无线客户端都会认为自己通过有线 LAN 接入了 Internet。

尝试突破——通过纯无线网络发动 MITM 攻击

在之前的实验里，在攻击主机上将无线与有线接口桥接在了一起。如前所述，这是 MITM 攻击可能采用的手法之一。当然，还可以采用其他的手法。一种比较有意思的手法是，在攻击主机上插两块无线网卡，一块用来搭建无赖 AP，另一块连接授权 AP，再把对应于这两块网卡的接口桥接在一起。于是，当无线客户端连接进无赖 AP 时，便通过攻击主机连接到了授权 AP。

请注意，这种手法需要在攻击主机上插两块无线网卡。

请读者用自己的笔记本电脑的内置无线网卡以及外接无线网卡来尝试发动上述攻击，需要注意的是，发动这样的攻击可能需要安装注入驱动程序。对读者来说，这应该是一个提高自己的机会！

7.3　基于 MITM 的无线网络窃听

之前，向读者传授了如何搭建 MITM 攻击平台。本节将介绍如何利用这个平台来执行无线网络窃听。

整个实验都贯穿这样一条原则：受攻击主机的所有流量都会穿攻击主机而过。也就是说，攻击者可以窃听到受攻击主机以无线方式收发的所有流量。

7.4　动手实验——无线网络窃听

请读者按以下步骤行事。

1．沿用在上一个实验里搭建的 MITM 攻击平台。在攻击主机上启动 Wireshark，令人吃惊的是，甚至连接口 MITM-bridge 也出现在了候选抓包接口列表里（见图 7.11）。必要之时，可从该接口抓包，来分析进出网桥的流量。

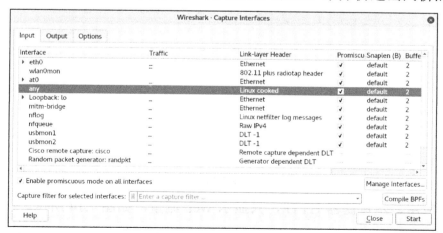

图 7.11

2．让 Wireshark 从接口 at0 抓包，目的是监视无线客户端收发的所有流量。到无线客户端上通过浏览器访问任何网站，比如，访问直连 LAN 的无线 AP 的管理界面，其 URL 为 http://192.168.0.1（见图 7.12）。

图 7.12

3．输入用户名/密码登录进管理界面。

4．在 Wireshark 抓包主窗口中，动静会不小，如图 7.13 所示。

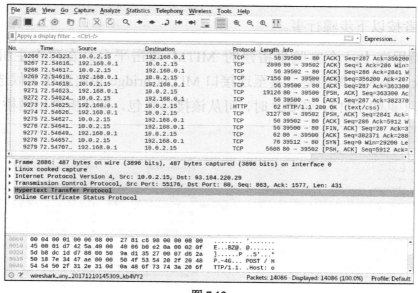

图 7.13

5．应用显示过滤器 HTTP，只显示 Web 流量，如图 7.14 所示。

6．在 Wireshark 抓包主窗口中，可以很容易地发现 HTTP POST 请求消息，其作用是将管理界面的登录密码发送给无线 AP，如图 7.15 所示。

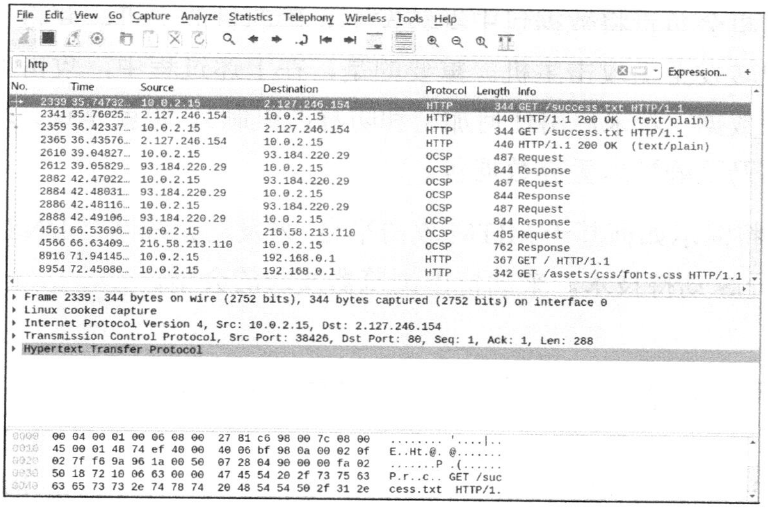

图 7.14

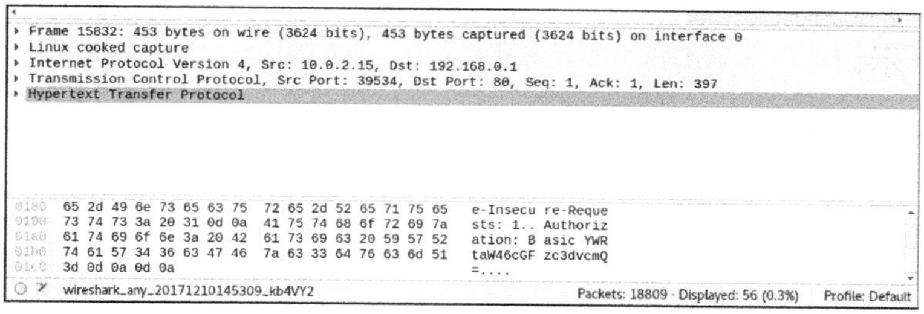

图 7.15

实验说明

有了之前搭建的 MITM 攻击平台，就能在受攻击者不知情的情况下，窃取到其无线网络的流量。之所以能这样，是因为在执行 MITM 攻击的过程中，受攻击主机的所有流量都会从攻击主机"绕一圈"。所以说，只要受攻击者未对流量加密，攻击者都可以窃取得到。

7.5 无线网络内的会话劫持攻击

可基于 MITM 攻击来发动另外几种有趣的攻击，应用会话劫持攻击是其中之一。在 MITM 攻击期间，攻击主机能收到受攻击主机的所有数据包。然后，攻击主机会负责将数据包中继转发至正确的目的主机，并将目的主机的回馈数据包转发至受攻击主机。重要的是，在上述过程中，攻击者可以篡改数据包中的数据（若未启用任何加密和防篡改机制）。也就是说，攻击者可以篡改、破坏乃至静默地丢弃数据包。

接下来将演示如何基于 MITM 攻击平台，来发动无线网络 DNS 劫持攻击。然后使用 DNS 劫持技术，来劫持由浏览器发起的会话。

7.6　动手实验——无线网络内的会话劫持

1. 沿用在上一个实验里搭建的 MITM 攻击平台。在受攻击主机上，打开浏览器，输入谷歌官网地址。在攻击主机上打开 Wireshark，监控相应的流量，如图 7.16 所示。

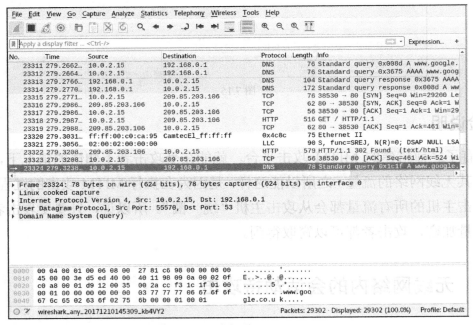

图 7.16

2. 在 Wireshark 抓包主窗口内，应用显示过滤器 DNS，由图 7.17 可知，受攻击者正为了访问谷歌官网地址而发起 DNS 请求。

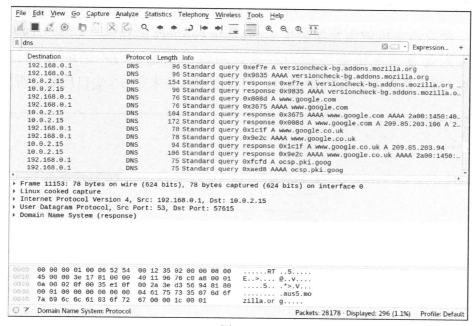

图 7.17

3. 要想劫持浏览器会话，需要让受攻击主机收到虚假的 DNS 响应，好让其将谷歌官网的 IP 地址解析为攻击主机的 IP 地址 192.168.0.199。专门用来办这个事的工具被称为 dnsspoof，请执行以下命令：

dnsspoof -i mitm-bridge

命令的输出如图 7.18 所示。

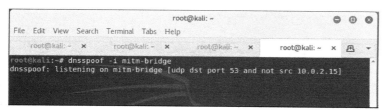

图 7.18

4．现在，只要受攻击者刷新浏览器，在攻击主机的 Wireshark 抓包主窗口中就可以看到受攻击主机发出的 DNS 请求数据包（其中会包括对谷歌官网域名的请求），dnsspoof 工具会进行回复。

5．受攻击主机的浏览器会报 **Unable to connect** 的错误，如图 7.19 所示。这是因为受攻击主机会连接为谷歌官网域名伪造的 IP 地址 192.168.0.199，这也是攻击主机的 IP 地址，但攻击主机并未在 80 端口启动监听服务。

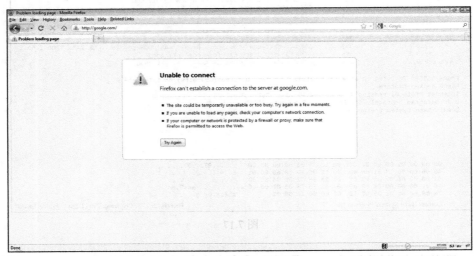

图 7.19

6．在攻击主机（Kali Linux 主机）上执行以下命令，启动 Apache：

```
apachet2ctl start
```

命令的输出如图 7.20 所示。

图 7.20

7. 到受攻击主机上再次刷新浏览器，这回出现了 Apache 的默认页面和问候语 **"It works!"**，如图 7.21 所示。

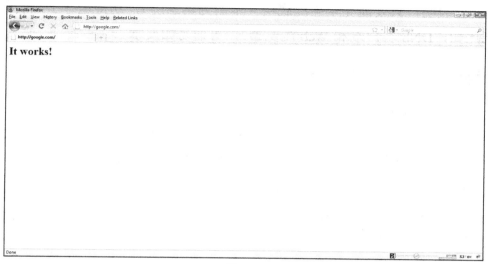

图 7.21

8. 本实验展示了如何拦截数据包以及发送欺骗的回馈数据包，来劫持受攻击主机的会话。

实验说明

前面的实验向读者展示了如何基于 MITM 攻击平台发动应用劫持攻击。请问，其幕后原理是什么呢？借助于 MITM 攻击平台，便可获取到受攻击主机收、发的所有数据包。只要收到了受攻击主机发出的 DNS 请求数据包，攻击主机运行的 dnsspoof 工具就会回复伪造的 DNS 响应数据包，其中所含谷歌官网域名的 IP 地址实为攻击主机的 IP 地址。受攻击主机会接收 DNS 响应数据包，其浏览器将会向攻击主机的 IP 地址和 80 端口发送 HTTP 请求。

在实验的一开始，由于攻击主机并未监听 80 端口，导致受攻击主机的浏览器报错。在攻击主机的默认端口（80）启动 Apache 服务器之后，受攻击主机的浏览器发起对谷歌的 HTTP 请求时，就会接收攻击主机的响应，会返回 Apache 的默认页面"**It works！**"。

实验表明，只要能完全控制底层（本例为第二层），劫持运行于高层的应用（比如，DNS 客户端和 Web 浏览器），可谓易如反掌。

尝试突破——高难度应用劫持

基于无线 MITM 攻击的会话劫持的下一步是篡改无线客户端发出的数据。请读者自己琢磨 Kali Linux 自带的 **Ettercap** 软件的用法。该工具可有助于渗透测试人员针对网络流量创建（内容）搜索及替换过滤器。

给读者留的家庭作业是，写一个简单的过滤器，将出现在网络流量中的所有 security 字样替换为 insecurity。然后，在受攻击主机上尝试用谷歌搜索 security，并检查搜索结果，看看 insecurity 是否替换了 security [①]。

7.7 弄清无线客户端针对某个无线网络的安全配置

前面的章节介绍了如何基于启用了开放验证、WEP 以及 WAP 机制的 AP 伪造蜜罐。不过，在攻击或渗透测试现场，分析无线客户端发出的探测请求帧时，如何分辨探测出的 SSID 隶属于哪一种无线网络呢？

乍看起来，这个问题有点棘手，但解决方案却很简单。只需同时搭建多个 SSID 相同的蜜罐，同时让它们分别具有不同的安全配置即可。当漫游的无线客户端搜索无线网络时，会根据自身存储的网络配置自动连接其中一台蜜罐 AP。

实验开始！

---

① 原文是"In this challenge, write a simple filter to replace all occurrences of security in the network traffic to insecurity. Try searching Google for security and check whether the results show up for insecurity instead"。——译者注

7.8 动手实验——针对无线客户端发动解除验证攻击

假定无线客户端已经有了无线网络 Wireless Lab 的配置，当其未连接任何 AP 时，会主动发出探测请求帧，探测那个无线网络。要弄清该无线网络的安全配置，需搭建多台 AP。对于本实验，假定在无线客户端的配置文件里，无线网络 Wireless Lab 启用的安全机制包括开放验证、WEP、WPA-PSK 或 WPA2-PSK。也就是说，必须捣鼓出 4 台 AP。

1. 首先，在 **Kali Linux** 主机上，要执行 4 次 `iw wlan0 interface add wlan0mon type monitor` 命令，创建 4 个虚拟接口——wlan0mon 到 wlan0mon3，如图 7.22 所示。

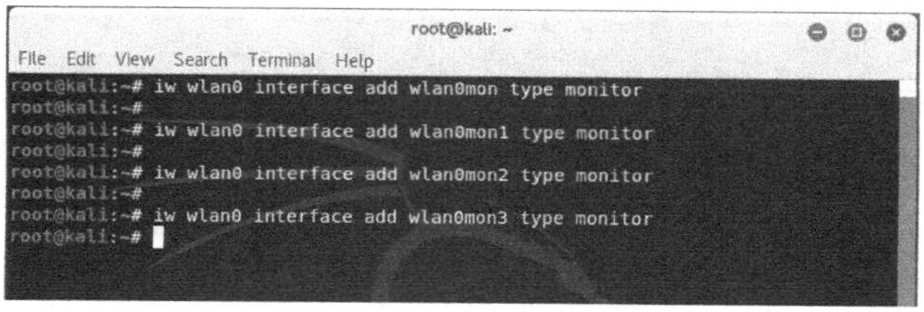

图 7.22

2. 可执行 `iwconfig` 命令，查看新创建的所有接口，如图 7.23 所示。

图 7.23

3．基于接口 wlan0mon，创建开启了开放验证的 AP，如图 7.24 所示。

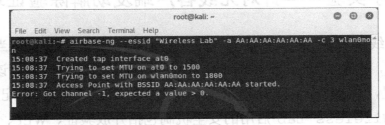

图 7.24

4．基于接口 wlan0mon1，创建开启了 WEP 保护机制的 AP，如图 7.25 所示。

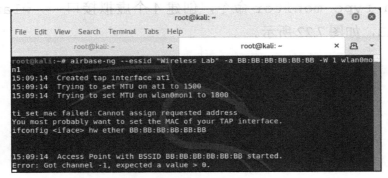

图 7.25

5．基于接口 wlan0mon2，创建开启了 WPA-PSK 机制的 AP，如图 7.26 所示。

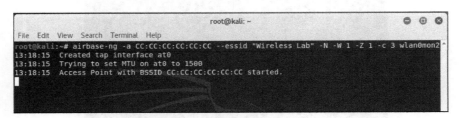

图 7.26

6．基于接口 wlan0mon3，创建开启了 WPA2-PSK 机制的 AP，如图 7.27 所示。

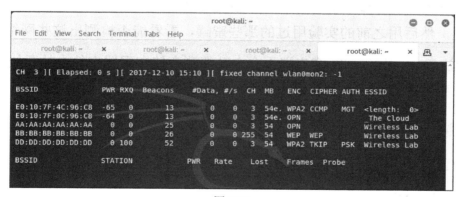

图 7.27

7. 启动 airodump-ng 工具，激活上述 4 台 AP，并确保它们运行于相同的信道，如图 7.28 所示。

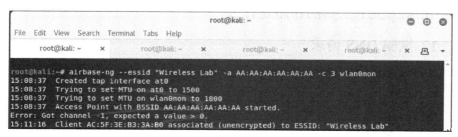

图 7.28

8. 只要漫游的无线客户端开启了 WiFi 功能，便会根据之前保存的安全配置，连接无线网络 Wireless Lab。对于本实验，连接的是开启了 WPA-PSK 机制的无线网络 Wireless Lab，如图 7.29 所示。

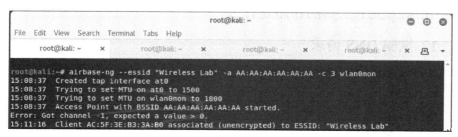

图 7.29

实验说明

前面的实验搭建了多台 SSID 相同、安全配置不同的蜜罐 AP。无线客户端会根据之前为无线网络 Wireless Lab 保存的安全配置，连接"正确"的蜜罐 AP。

在执行渗透测试时，若对无线客户端所连无线网络的安全配置不得而知，就可以施展上述手段。这就是给无线客户端抛一个诱饵，令其自动连接"正确"的 AP。这种攻击手段也被称为无线钓鱼（**WiFishing**）。

尝试突破

请读者在无线客户端上创建多份 SSID 相同、安全机制不同的无线网络连接配置，然后用之前的实验用过的那些蜜罐，看看能否检测出这些网络。

请注意，有很多 WiFi 客户端不会主动探测存储在配置文件中的无线网络。施展之前讨论手段，可能检测不出这些无线网络。

随堂测验——高级 WLAN 攻击

Q1. 发动中间人（**MITM**）攻击时，居中的是什么？

    1. AP

    2. 攻击主机

    3. 受害主机

    4. 以上皆非

Q2. dnsspoof 工具的作用是什么：

    1. 欺骗 DNS 请求

    2. 欺骗 DNS 响应

    3. 需要在 DNS 服务器上运行

    4. 需要在 AP 上运行

Q3. 可针对什么发动无线 MITM 攻击？

    1. 同时针对所有无线客户端

    2. 一次只能针对一个信道

    3. 可以针对任何 SSID

    4. 2 和 3

Q4. 在本章搭建的 MITM 攻击平台上，离受攻击主机最近的接口是哪个？

    1. at0

    2. eth0

    3. br0

    4. en0

7.9　总结

本章向读者传输了如何基于无线网络发动高级攻击。为此搭建了一个针对无线网络的 MITM 攻击平台，用其来窃取受攻击主机的流量。然后利用这一攻击平台发动 DNS 中毒攻击，劫持受攻击主机的应用层（精确到 Web 流量）会话。

下一章会讲解如何执行无线渗透测试，涉及规划、发现、攻击以及报告等各个阶段。此外，还会介绍加固 WLAN 的各种最佳做法[①]。

---

① 下一章似乎没有这样的内容。——译者注

第 8 章
KRACK 攻击

无视山脉，赢得帝国。

——汉尼拔（？）

本章将讨论最新发现的 KRACK 漏洞，并介绍某些攻击工具的当前状况，这些工具能够发现易受攻击的无线设备。本章还会深入探讨 WPA2 握手的内部运作机制，建议高水平读者阅读。

8.1 KRACK 攻击概述

KRACK 是指重装密钥攻击（Key Reinstallation AttaCK）。2017 年 10 月，鲁汶大学（KU Leuven）的一个团队公开披露了一系列安全漏洞。攻击者可利用 WPA2 握手过程中的一个基本缺陷重新发起握手阶段，从而达到覆盖加密数据的目的。本章将会从理论层面来揭示这样的攻击手段，还会在漏洞的识别和利用方面提供一些指导。

来研究一下 WPA2 握手机制。IEEE 802.11 标准对该机制有详细的说明。这里将会从后关联和验证阶段（post-association and authentication stage）开始讲解，因为这两个阶段不影响该漏洞①。

---

① 原文是 "this explanation we are starting post-association and authentication stage as the vulnerability is not affected by those"。译文按原文字面意思直译。——译者注

用于加密的成对临时密钥（PTK）由以下 5 个属性组成：

● 一个共享密钥，名为成对主密钥（PMK）；

● 一个由 AP 创建的随机数值（ANonce，随机数 A）；

● 一个由用户无线工作站创建的随机数值（SNonce，随机数 S）；

● AP 的 MAC 地址（APMAC）；

● 用户无线工作站的 MAC 地址（STAMAC）。

在整个握手过程中，会使用消息完整性校验码（**Message Identification Code，MIC**）来提供某种程度的完整性和安全性。虽然上述属性在整个握手过程中必不可缺，但不会用来生成加密数据。请看图 8.1。

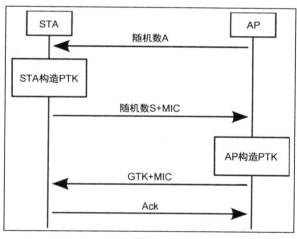

图 8.1

在这个阶段，拜初始的验证和关联处理所赐，用户无线工作站和 AP 都握有 PMK、AP 的 MAC 地址和用户无线工作站的 MAC 地址。此外，每个阶段还会有一个密钥重放计数器（Key Replay Counter）来记录数据包的顺序；这将在稍后发挥作用。

1. **阶段 1**：AP 将随机数 A 发给用户无线工作站，为无线工作站提供了生成 PTK 所需的一切。无线工作站创建 PTK，于是掌握了用来加密的密钥。

2．**阶段 2**：用户无线工作站向 AP 回发自己拥有的随机数（随机数 S）和 MIC。于是，AP 也掌握了创建 PTK 所需的一切。AP 创建 PTK，并处于与无线工作站相同的状态。

3．**阶段 3**：AP 创建组临时密钥（GTK），并发送给用户，使其能够读取非定向流量（non-directed traffic），比如，多播或广播流量。

4．**阶段 4**：用户无线工作站返回一条确认消息。

在 4 次段握手之后，用户无线工作站就可以将加密数据发送给 AP，并得到 AP 的认可。此时，协商阶段已经完成，用户无线工作站可以随意使用无线网络。

实验说明

前文讨论了 WPA2 的 4 次握手机制，为讲解 KRACK 攻击打下了基础。这虽然算是"温故"，但在解释与攻击有关的技术细节之前，介绍基本概念是很有必要的。

8.2　四次握手 KRACK 攻击

只要读者仔细回忆一下上一节讨论的内容，可能马上就会吃惊地发现整个握手过程是如此不堪一击！然而，问题不是出在核心概念上，而是出在对标准的实际实现方面。与大多数技术标准一样，为了方便用户使用，WPA2 解决方案同样牺牲了安全性。说准确一点，为了让 WPA2 解决方案可用，在安全性方面作出了一定的牺牲：对握手过程中的某些阶段而言，如果消息丢失，可以重放消息（replayable）。

虽然这对握手过程的大多数阶段不会造成太大的影响，但由于在阶段 3 消息是可以重放的，因此会对 WPA2 解决方案的整体安全性造成巨大的影响。在验证过程中，攻击者将自己置于中间人（MITM）的位置，便能妨碍 PTK

的正确协商，在某些情况下还能安装自己的 PTK。在协商密钥时，攻击可重置密钥重放计数器和相关的随机数。也就是说，通过封堵某些数据包，MITM 攻击者便能以强制重新安装密钥的方式预测计数器和随机数的值。这样一来，攻击者就能够去从事一些非法的勾当，比如，解密、发动欺骗攻击和重新释放数据包等。

拜安全行业的运作机制所赐，研究人员只是英明地发布了概念验证（PoC，Proof of Concept）脚本，这表示攻击可以在无线客户端设备上发动，但是能对已成型的无线网络实施全面攻击的一整套攻击脚本尚未发布。不过，值得注意的是，研究人员已经宣布，Android 和 Linux 发布版容易为重装密钥（key reinstall）攻击（将密钥强制更改为全 0）所乘，从而使得流量加密变得多此一举。

8.3 动手实验——发起 KRACK 攻击

接下来，要用由 Mathy VanHoef 发布在 GitHub 上的脚本，来完成以下步骤。

1. 登录 Kali Linux 主机，打开一个终端窗口，输入图 8.2 所示的命令。

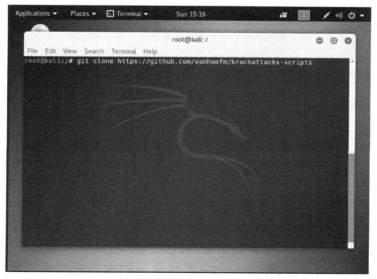

图 8.2

2. 执行下列命令，安装支撑该项目的依赖关系：

```
apt-get install libnl-3-dev libnl-genl-3-dev pkg-config libssl-dev
net-tools git sysfsutils python-scapy python-pycryptodome
```

3. 切换到刚创建的 `krackattacks-scripts` 目录，列出其内容，如图 8.3 所示。

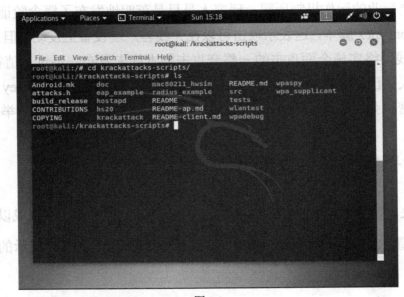

图 8.3

在该目录中，可以看到由 Mathy 及其团队汇集在一起的测试脚本的代码和解决方案。但是，在使用这些东西之前，需按要求的格式来编译 `hostapd`。

脚本自带了首次使用的说明文档。出于清晰起见，作者在这里复述一遍。

4. 切换到 `hostapd` 目录，执行如图 8.4 所示的命令。

图 8.4 所示命令的作用是，编译 `hostapd`，以供 KRACK 攻击 PoC 脚本使用。要想验证是否正确构建了 `hostapd`，请执行 `ls` 命令查看 `hostapd` 目录下的内容。若构建正确，`hostapd` 目录下的内容看起来应如图 8.5 所示。

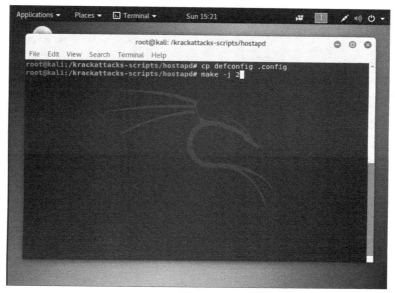

图 8.4

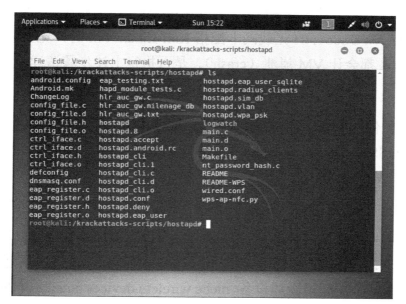

图 8.5

5. 切换到该项目的根目录下的 krackattack 目录，如图 8.6 所示。

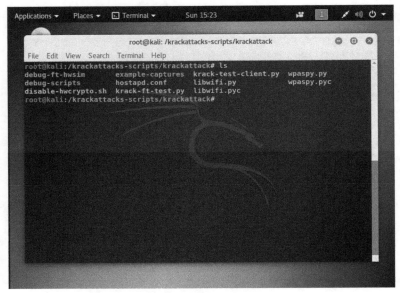

图 8.6

建议在首次使用时执行 disable-hwcrypto.sh 脚本。但是，作者发现在使用 Alfa AWUS051NH 无线网卡配搭 Kali Linux VM 时，无论该脚本的运作方式如何，都会让 VM 崩溃（crash）。是否执行上述步骤请读者三思而行。

这个目录下还有三个重要的文件。

第一个文件 hostapd.conf 定义了有待生成的 WiFi 网络的参数。该 WiFi 网络的默认 SSID 为 testnetwork，密码为 abcdefgh。读者可按己愿更改上述默认参数。

第二个文件是 krack-test-client.py 脚本，用来识别易受攻击的设备。该文件是本章的重点所在。

第三个文件是 krack-ft-test.py，本章不涵盖其用法，因其适用于（OS 为）标准发布之外的轻型无线设备（niche wireless devices outside of the standard distribution）。

接下来，就要在实验环境中演示 KRACK 攻击了。

6. 需要在 Kali Linux 主机上执行以下命令，禁用 NetworkManager，以避免冲突：

```
systemctl stop NetworkManager.service
systemctl disable NetworkManager.service
```

7. 用下面这条命令执行 `krack-test-client.py` 脚本：

```
python krack-test-client.py
```

结果如图 8.7 所示。

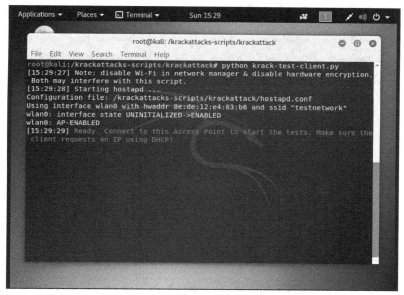

图 8.7

8. 还需要弄一台测试设备，只要是支持 WiFi 的设备都可以，用前述的"通行证"或自己设置的"通行证"连接到已创建的无线网络。

终端窗口将会被文本填充，但该脚本会用绿体字标注所有成功的攻击，如图 8.8 所示。

脚本将遍历潜在的攻击，并会告知用户测试设备是否易受攻击。

实验说明

在前面的实验里，作者从 GitHub 上顺利下载了由 Mathy VanHoef 发布的

PoC，并且在实验环境里测试了一台用户设备，以了解其是否存在安全漏洞。

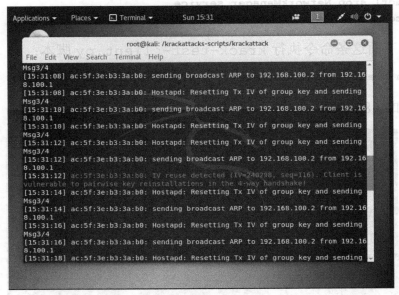

图 8.8

8.4　总结

本章介绍了最新的 KRACK 攻击，探讨了 WPA2 握手的细节，展示了如何对无线设备执行 PoC 检查。随着时间的推移，KRACK 攻击会愈发成熟，更多的脚本也会得到发布。读者应当紧跟社区的脚步，关注这项研究的最新进展和有趣的应用。

第 9 章

攻击 WPA–Enterprise 和 RADIUS

捧得越高，跌得越惨。

——俗语

WPA-Enterprise 一直都有着固若金汤的名声。大多数网管人员都认为它是医治所有无线网络安全症状的灵丹妙药。本章将会向读者揭示现实与想象之间的差距。

读者将在本章学到如何使用 Kali Linux 提供的不同工具并运用相关的技术，对 WPA-Enterprise 实施攻击。

本章涵盖以下主题：

● 架设 FreeRADIUS-WPE；

● 攻击 Windows 客户端的 PEAP；

● WPA-Enterprise 安全最佳做法。

9.1 架设 FreeRADIUS–WPE

为了演示 WPA-Enterprise 攻击，需要搭建一台 RADIUS 服务器。FreeRADIUS 是使用最为广泛的开源 RADIUS 服务器。但是，架设 FreeRADIUS 并非易事，而且每演示一次攻击都要配置它一次，可谓非常麻烦。

著名的安全研究员 Joshua Wright 为 FreeRADIUS 创建了一个补丁程序，使其架设起来更为容易，实施攻击也不那么麻烦。该补丁程序被发布为 FreeRADIUS-WPE（Pwnage 无线版）。Kali Linux 并不自带 FreeRADIUS-WPE，要架设 FreeRADIUS-WPE，需按以下步骤行事。

执行 `apt-get install freeradius-wpe` 命令，安装 FreeRADIUS-WPE，如图 9.1 所示。

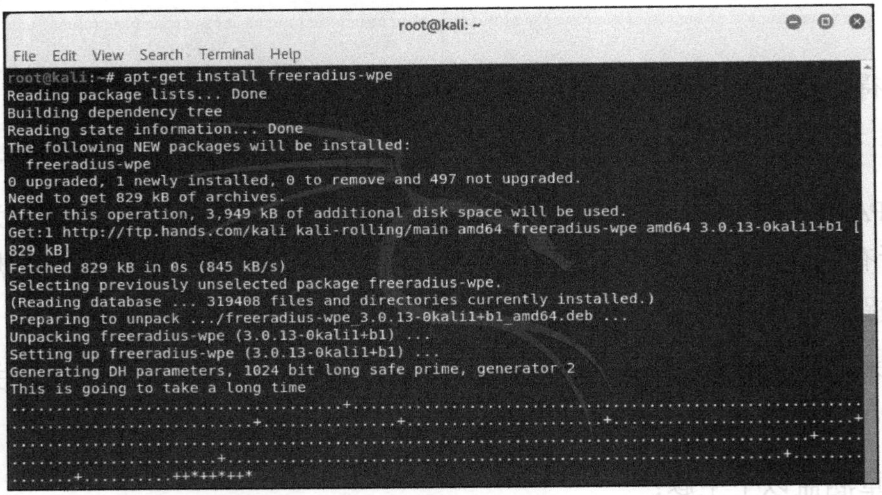

图 9.1

接下来将介绍如何在 Kali Linux 上快速搭建 RADIUS 服务器。

9.2 动手实验——架设 AP 和 FreeRADIUS-WPE

请读者按以下步骤行事。

1. 将 Kali Linux 主机的以太网口与 AP 的一个 LAN 口相连。对于本实验，Kali Linux 主机的以太网口是 eth0。激活接口 eth0，通过 DHCP 获取 IP 地址，如图 9.2 所示。

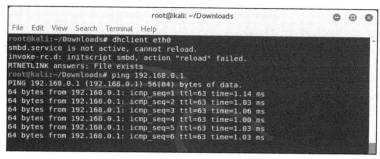

图 9.2

2. 登录 AP，将安全模式设置为 **WPA/WPA2-Enterprise**，将 WPA 版本设置为 **WPA2**，将加密方式设置为 **AES**。然后，在 EAP（802.1x）的配置部分里，将 Kali Linux 主机的 IP 地址设置为 RADIUS 服务器的 IP 地址，将 RADIUS 密码设置为 `test`，如图 9.3 所示。

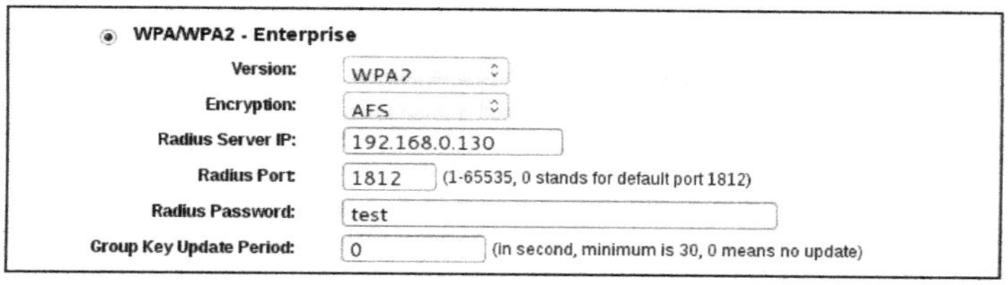

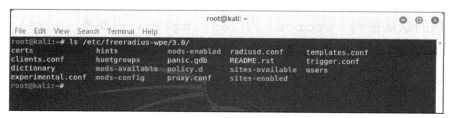

图 9.3

3. 在 Kali Linux 主机上新开一个终端窗口，进入目录`/etc/freeradiuswpe`
`/3.0`。该目录存放的是 **FreeRADIUS-WPE** 的所有配置文件，请看图 9.4。

图 9.4

4. 打开文件`/mods-available/eap`，将会发现 `default_eap_type`
参数被设成了 `md5`，如图 9.5 所示。

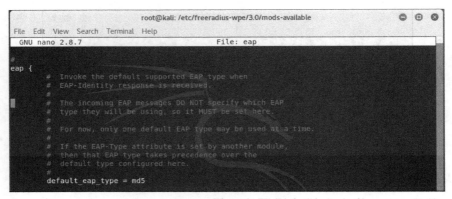

图 9.5

5. 要将该参数更改为 peap，如图 9.6 所示。

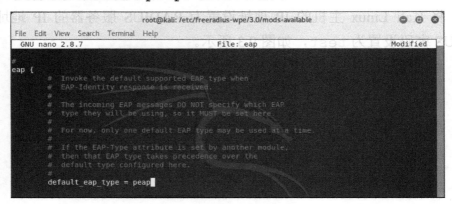

图 9.6

6. 打开文件 clients.conf。这是一份配置文件，用来记录获准连接 RADIUS 服务器的客户端。若将这份文件一拖到底，忽略配置示例，将会发现客户端的默认密码（secret）为 testing123。需要将 secret 设置为 test，跟第 2 步 AP 的配置相匹配，如图 9.7 所示。

7. 执行 freeradius-wpe -s -X 命令，启动 RADIUS 服务器，如图 9.8 所示。

8. 只要一执行上面那条命令，终端窗口就会自动出现许多 debug 信息，如图 9.8 所示，但 RADIUS 服务器将会完成启动，侦听连接请求。太棒了！现在可以开始做本章的攻击实验了。

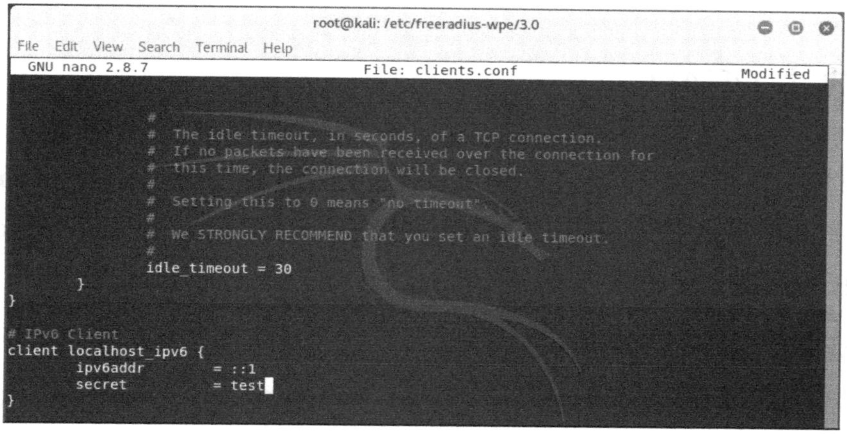

图 9.7

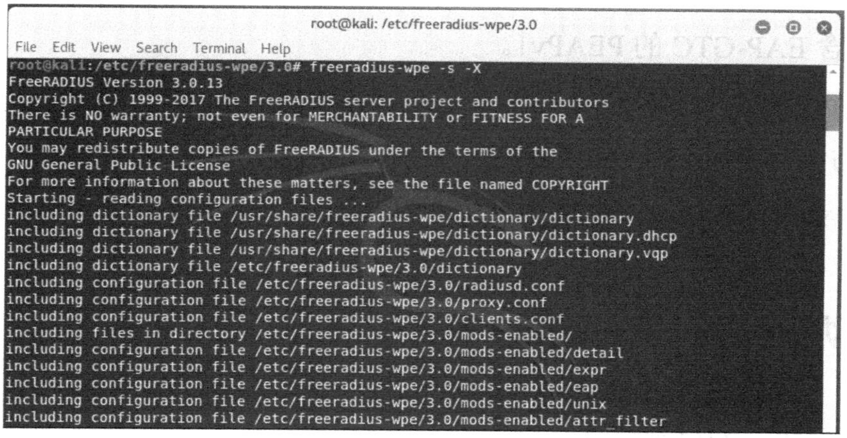

图 9.8

实验说明

前面的实验顺利搭建了 FreeRADIUS-WPE，本章的其余实验会用它来行使 RADIUS 服务器之职。

尝试突破——玩转 RADIUS

FreeRADIUS-WPE 有大把配置选项。对这些选项烂熟于心可是一个好主意。最重要的是，读者应该多花时间熟悉 FreeRADIUS-WPE 的各种配置文件，并了解这些配置文件是如何协同运作的。

9.3 攻击 PEAP

受保护的可扩展验证协议（**Protected Extensible Authentication Protocol，PEAP**）是在用的最受欢迎的一种 EAP（可扩展验证协议）。这也是 Windows OS 自带的 EAP 机制。

PEAP 有以下两个版本：

- 含 EAP-MSCHAPv2 的 PEAPv0（最受欢迎，因为 Windows 天生支持该版本）；

- 含 EAP-GTC 的 PEAPv1。

PEAP 用服务器端证书来验证 RADIUS 服务器。几乎所有针对 PEAP 的攻击都得钻证书验证方配置失误的空子。

接下来，将介绍当客户端未启用证书验证时，如何破解 PEAP。

9.4 动手实验——破解 PEAP

请读者按下列步骤行事。

1. 仔细检查 eap.conf 文件，确保 PEAP 已经启用，如图 9.9 所示。

图 9.9

2. 执行 `freeradius-wpe -s -X` 命令，重启 RADIUS 服务器，如图 9.10 所示。

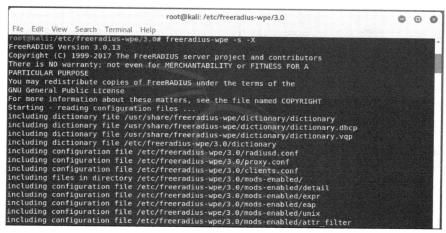

图 9.10

3. 关注由 FreeRADIUS-WPE 创建的日志文件，如图 9.11 所示。

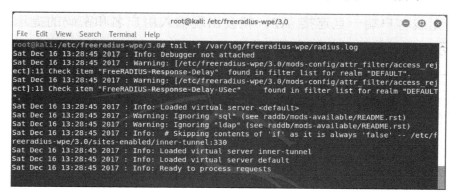

图 9.11

4. Windows 天生支持 PEAP。要确保证书验证已被禁用，如图 9.12 所示。

5. 需要单击 **Secured password（EAP-MSCHAP v2）** 左边的 **Configure** 按钮，让 Windows 不自动使用 Windows logon name 和 password，如图 9.13 所示。

6. 还需在 **Advanced settings** 对话框中选择 **User authentication**，如图 9.14 所示。

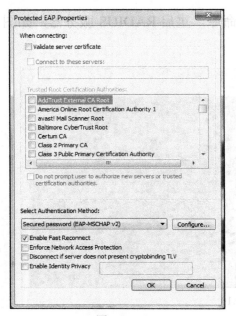

图 9.12　　　　　　　　　　　　　　　　　　图 9.13

7. 无线客户端一旦连接 AP，就会出现输入用户名和密码的提示，如图 9.15 所示。用 Monster 作为用户名，用 abcdefghi 作为密码来登录。

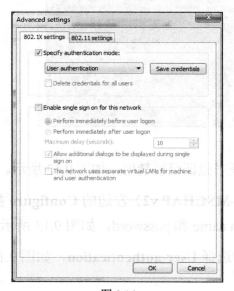

图 9.14　　　　　　　　　　　　　　　　　　图 9.15

8．只要如此行事，日志文件就会记录 MSCHAP-v2 挑战响应（MSCHAP-v2 challenge response）的过程。

9．现在，可以用 asleap 来破解启用密码列表文件（其中包含了密码 abcdefghi）的 EPAP，完全能够破掉密码！

实验说明

前面的实验用 FreeRADIUS-WPE 来搭建蜜罐 RADIUS 服务器。企业无线客户端（The enterprise client）的 PEAP 被误配为禁用证书验证。这样一来，攻击者就能向客户端展示自己的伪造证书，而客户端也乐意接受。一旦如此，内部验证协议 MSCHAP-v2 将会启动。由于无线客户端使用伪造证书来加密数据，因此可以很容易恢复用户名、挑战和响应三元组。

MSCHAP-v2 容易为字典攻击所乘。之所以会用 asleap 来破解挑战和响应对，是因为这些玩意就是基于字典里的单词。

尝试突破——针对 PEAP 的变异攻击

配置 PEAP 时，在很多地方都有可能会出错。即便启用了证书验证，但若网管人员在连接到这些服务器列表时未提及真实服务器，攻击者仍然可以从列出的任一证书颁发机构获得另一个域的真实证书[①]。客户端还是会接受该证书。很有可能存在这种攻击的其他变种。

鼓励读者读完本节之后能举一反三，继续钻研可能存在的针对 PEAP 的其他攻击。

9.5 EAP-TTLS

跟上一节一样，同样鼓励读者试着钻研针对 EAP-TTLS 的各种攻击。

---

① 原文是 "Even with certificate validation enabled, if the administrator does not mention the authentic servers in connect to these servers list, the attacker can obtain a real certificate for another domain from any of the listed certifying authorities"。译文按原文字面意思直译。——译者注

9.6　WPA-Enterprise 安全最佳做法

读者之前已经领略了一大票针对 WPA/WPA2-Personal 和 Enterprise 的攻击手段。根据经验，作者提出如下建议。

- 对于 SOHO 和中型企业，请采用 WPA2-PSK 并配搭强密码。密码的强度最长可达 63 个字符。

- 对于大型企业，请采用 WPA2-Enterprise 并配搭 EAP-TLS。采用这种做法，客户端和服务器端都启用证书来进行验证。这种做法目前还算固若金汤。

- 如必须采用 WPA2-Enterprise 配搭 PEAP 或 EAP-TTLS，请务必启用证书验证，选择合适的证书颁发机构，使用授权的 RADIUS 服务器。此外，还得禁止用户接受新的 RADIUS 服务器、新的证书或新的证书颁发机构。

随堂测验——攻击 WPA-Enterprise 和 RADIUS

Q1. 以下哪个选项是对 FreeRADIUS-WPE 的正确描述？

　　1. 完整的 RADIUS 服务器程序

　　2. FreeRADIUS 服务器的补丁程序

　　3. 所有 Linux 默认自带

　　4. 以上皆非

Q2. 可用以下哪种手段来攻击 PEAP？

　　1. 伪造的"通行证"

　　2. 伪造的证书

　　3. 使用 WPA-PSK

4．以上皆是

Q3．EAP-TLS 的验证方式是什么？

1．客户端证书

2．服务器端证书

3．1 或 2

4．1 和 2

Q4．EAP-TTLS 的验证方式是什么？

1．只用客户端证书

2．服务器端证书

3．基于密码的验证方式

4．LEAP

9.7 总结

本章向读者展示了开启 WPA-Enterprise+PEAP/EAP-TTLS 的无线网络的安全性是如何受到危害的。在企业无线网络中，PEAP 和 EAP-TTLS 这两种验证机制最为常用。

下一章将会向读者传授如何将之前所学应用于实际的渗透测试。

第 10 章
WLAN 渗透测试之道

试过才知道。

———俗语

本章会以分步讲解的方式，向读者传授如何将之前所学运用于完整的无线渗透测试。

10.1　无线渗透测试

要想做好无线渗透测试这项工作，就得遵循一定的门道。只靠执行 airbase 或 airodump 命令，并期望得到最好的效果，是满足不了测试需求的。身为渗透测试人员，在执行测试任务时，必须谨遵服务对象所制定的标准，若其并未制定任何标准，则应坚持自己的最高标准。

大体而言，可把无线网络渗透测试分解为以下几个阶段。

1. 规划阶段。

2. 发现阶段。

3. 攻击阶段。

4. 报告阶段。

接下来，将分别探讨无线网络渗透测试的各个阶段。

10.2 规划阶段

在本阶段，需要了解下述内容。

- **渗透测试的范围**：渗透测试人员应会同客户来圈定一个可完成的范围，并且对客户网络的安全性做最深入的了解。通常，应收集以下信息。

  - 渗透测试的地点。

  - 客户营业场所的总覆盖面积。

  - AP 和无线客户端大致的部署数量。

  - 渗透测试将涉及哪些无线网络？

  - 需要在范围内展开攻击吗？

  - 需要在范围内攻击用户吗？

  - 需要在范围内发动拒绝服务攻击吗？

- **渗透测试的工作量**：渗透测试人员必须根据圈定的范围，来估计完成渗透所需的时间。请注意，范围划定之后，或许还会重新圈定，因为客户在时间和资金方面可能都并不充裕。

- **渗透测试的合法性**：在执行渗透测试之前，必须征得客户的同意。应该向客户说清渗透测试所覆盖的范围，要明确界定赔偿和保险的额度以及范围的界限。若无法界定，则需要向相关领域的专业人士请教。绝大多数的客户都有一套自己的规章制度，可能还会包括保密协议（**Non-Disclosure Agreement, NDA**）。

只要上述所有需求全都了解到位，就为渗透测试做好了准备！

10.3　发现阶段

本阶段的目标是确定并掌握测试范围内的无线设备和无线网络的特征。

所有与此有关的技术已经在前面各章讲解过了，简而言之，本阶段的目标是：

● 列出区域内可见和不可见的无线网络；

● 列出区域内的设备，以及连接到目标网络的设备；

● 仔细勘察无线网络的范围，弄清无线网络所能企及的地点，以及是否存在某些特殊场所（比如，咖啡间），恶意之徒可在其中发动无线攻击。

应将上述所有信息记录在案。若渗透测试的目的仅限于执行侦测，则测试工作将到此为止，渗透测试人员应根据这些信息尽力得出结论。下列陈述可能会对客户有所帮助。

● 关联到开放网络和公司网络的设备的数量。

● 可通过诸如 WiGLE 之类的解决方案链接到位置的网络所具有的设备的数量[①]。

● 是否存在弱加密机制。

● 网络的限制性是不是太强，妨碍了一般用户的使用。

10.4　攻击阶段

一旦侦测完毕，就得通过发动攻击来验证理念（proof of concept）。若把攻击作为 red team 或更广泛的安全评估的一部分来执行，则应尽量采取秘密潜入的方式获得网络的访问权限。

---

① 原文是 "The number of devices that have networks that can be linked to locations through solutions such as WiGLE"。——译者注

在攻击阶段，将探讨以下几点：

- 破解加密；

- 攻击基础设施；

- 攻击无线客户端；

- 发现易受攻击的无线客户端；

- 发现未经授权的无线客户端。

10.4.1 破解加密

第一步是要获得任何已经识别的存在安全漏洞的无线网络的密钥。对于开启了 WEP 的无线网络，请按第 4 章介绍的破解 WEP 之法行事。无论能否破解成功，只要还在使用 WEP，就可以将其视为一处安全隐患。对于开启了 WPA2 安全机制的无线网络，则有两种选择。倘若以秘密潜伏为目的，那么测试人员应该在用户有可能执行身份验证或再次执行身份验证的时点到达测试现场。这样的时点如下所列：

- 早晨上班之时；

- 用午饭之时；

- 下午下班之时。

测试人员可在上述时点，按第 4 章所述，提前搭建好“智取”WPA 密钥的攻击平台。当然，也可按第 6 章所述，发动解除验证攻击，攻击无线客户端。

对一个成熟的企业（客户）而言，上述时点更为“嘈杂”，更有可能获取到 WPA 密钥。

对于开启了 WPA-Enterprise 的无线网络，请记住，必须利用通过勘察收集而来的信息，将攻击点对准正确的目标网络，并按第 9 章所述，提前搭建好虚拟的攻击平台。

可尝试破解所有密码，但请别忘了，有些密码是牢不可破的。在破不掉密码的情况下，测试完成之后，要向网管人员索要在用的密码。身为渗透测试人员，应核实是密码真的牢不可破呢，还是工具不给力，或只是不走运而已。

10.4.2　攻击无线网络基础设施

若能通过"解密"获得网络的访问权限，渗透测试人员应在允许的范围内执行标准的网络渗透攻击。起码应执行以下操作：

- 端口扫描；
- 识别正在运行的服务；
- 列出所有开放的服务，比如，无须身份验证的 FTP、SMB 或 HTTP 服务等；
- 对识别出的存在安全隐患的服务发动攻击。

10.4.3　攻击无线客户端

在列出并测试所有无线系统之后，还可以采取各种适合攻击无线客户端的行动。

如有必要，在圈定了易受 KARMA 攻击的无线客户端之后，可按第 9 章所述，搭建一个蜜罐，迫使那些客户端去连接。使用此法，可收集到各种有用信息，但要确保采集到的数据不违背渗透测试的初衷，同时还得以安全而又符合职业道德的方式存储、传输及使用。

10.5　报告阶段

在渗透测试的最后，有必要向客户汇报自己的发现。重要的是应确保所提交的报告的质量与渗透测试的质量相符。由于客户只关注测试报告，因此在撰写测试报告时必须像执行测试那样倾尽所能。以下所列为渗透测试报告的格式样本。

1. 管理总结。

2．技术总结。

3．测试结果。

- ■ 漏洞描述。

- ■ 严重程度。

- ■ 受影响的设备。

- ■ 漏洞类型——软件/硬件/配置。

- ■ 整治措施。

4．附录。

管理总结的受众应为（客户的）非技术高管人员，应重点描述对客户的高层所造成的影响及缓解措施。应避免使用技术性词语，并确保能一语道破天机。

技术总结应置于管理总结和测试结果之间。技术总结的受众应为开发人员或技术主管，应重点描述如何解决问题，并列出可供实施的大致解决方案。

测试结果应从底层的角度描述每一个漏洞，解释识别及再现漏洞的方法，以及漏洞的脆弱程度。

附录应包含所有不能"长话短说"的额外信息，包括所有截图、论证代码（proof-of-concept code）或有必要提交的盗取数据。

10.6 总结

本章介绍了执行无线网络渗透测试的一整套方法，并指出了每个步骤所依赖的章节。此外，还总结了撰写测试报告时呈现漏洞的方法，以及提高技术文档可读性的技巧。下一章也是本书的最后一章，将介绍自本书的首版发行以来问世的新技术、WPS 以及探测监控。

第 11 章
WPS 和探测

太阳底下没有新鲜事。

——俗语

本章涵盖与攻击 WPS 和探测监控有关的新技术，还将介绍能让无线渗透测试更为省事的 pineapple 工具。相关的攻击和工具都是在本书首版发行之后问世的，在进行相关介绍时会尽量做到整体对待。

11.1 WPS 攻击

无线保护设置（**Wireless Protected Setup, WPS**）于 2006 年推出，目的是让不具备无线网络知识的用户也能拥有自己的安全无线网络。WPS 的理念是，支持它的 WiFi 设备会有一个隐藏的硬编码值，可通过密钥记录（key memorization）来访问。通过 WiFi 路由器上的按钮，就能验证新的设备。屋外接触不到无线路由器的人将无法接入无线网络，于是，便可规避因记下 WPA 密钥或设置短密钥而引发的问题。

2011 年年底，有人披露了一个安全漏洞，可利用该漏洞针对 WPS 验证系统发动暴力攻击。协商 WPS 交换所需的流量是可以伪造的，WPS PIN 本身只有 8 个字符，每个字符的取值范围为 0～9。首先，这只能提供 100,000,000 种可能的组合,而同样使用 8 个字符作为密码,当每个字符的取值范围为 a-zA-Z0-9 时, 则有 218,340,105,584,896 种可能的组合。

其次, 还有以下漏洞。

- 在 WPS PIN 的 8 个字符中, 由于最后 1 个字符是前 7 个字符的校验和, 故而可以预测, 这就将可能的排列组合降到了 10,000,000 种。

- 在那 7 字符中, WiFi 路由器会分别检查前 4 个和后 3 个, 这意味着可能的排列组合骤降为 10^4+10^3=11000 种。

由以上几点可知, WPS PIN 可能的组合从 100,000,000 种变为了 11,000 种。换句话说, 暴力破解起 WPS 来, 还能再缩短 6 个小时。这也就决定了攻击 WPS 是完全可行的。

在接下来的实验里, 会利用 Wash 和 Reaver 工具来识别并攻击存在安全隐患的 WPS 设置。

11.2 动手实验——WPS 攻击

请读者按以下步骤行事。

1. 在攻击启用了 WPS 的 AP 之前, 需要先搭建一台这样的 AP。之前使用的 TP-Link 无线路由器默认开启了 WPS 功能, 虽然用来很方便, 但也很是让人担心。登录这台 AP, 点击管理界面里的 WPS 菜单, 可以看到 WPS 功能已经启用, 如图 11.1 所示。

2. 由图 11.1 可知, WPS 已经启用。接下来, 需要设定目标, 搭建测试环境。本实验会用到 Wash 工具, 要创建一个监控接口才能让其正常行使功能。在 Kali Linux 主机上执行下面这条命令, 即可创建一个监控接口, 这在前文已多次提及:

```
airmon-ng start wlan0
```

上面这条命令的输出如图 11.2 所示。

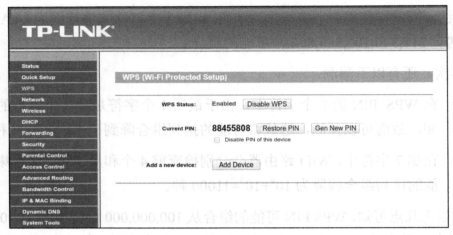

图 11.1

图 11.2

3. 创建了一个名为 `wlan0mon` 的监控接口之后，可执行以下命令调用 Wash（见图 11.3）。

```
wash -i wlan0mon
```

4. 上面那条命令一经执行，便会显示出周围支持 WPS 的无线设备、WPS 的启用或锁定情况，以及这些设备所运行的 WPS 的版本，如图 11.4 所示。

图 11.3

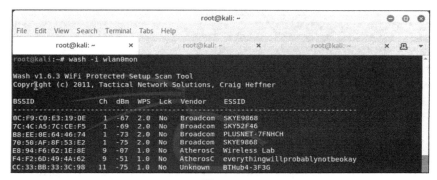

图 11.4

5. 由图 11.4 可知，无线网络 Wireless Lab 支持 WPS，其版本为 1，并未锁定。太棒了。请关注 AP Wireless Lab 的 MAC 地址 E8:94:F6:62:1E:8E，下一个工具 reaver 要将这一 MAC 地址作为攻击对象。

6. 可用 reaver 工具来暴力破解拥有特定 MAC 地址的无线设备的 WPS PIN。具体的命令语法如下所示：

reaver -i wlan0mon -b <mac> -vv

上面这条命令的输出如图 11.5 所示。

图 11.5

7. 命令一经执行，reaver 工具就会用所有可能的 WPS PIN 组合，尝试执行验证。最终，运行 reaver 命令的终端窗口将会输出 WPS PIN 和密码，如图 11.6 所示。

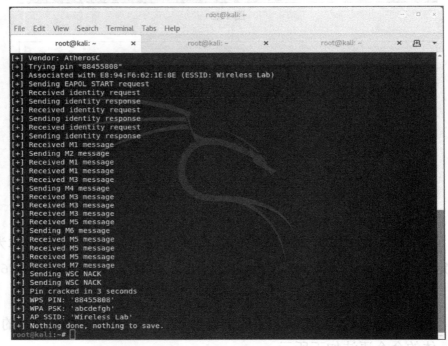

图 11.6

8. 手握 WPA-PSK，即可顺利通过 AP 的验证。于是，可立刻在攻击主机上输入匹配 WPS PIN 的默认 WPA-PSK。然而，若想用 WPS PIN 来验证，则可以使用 reaver 工具，请在攻击主机执行以下命令，在命令中需指明 PIN：

```
reaver -i wlan0mon -b <mac> -vv -p 88404148
```

请读者用自己的无线网卡的 WPS PIN 替换上面那条命令中的 WPS PIN。

实验说明

在前面这个实验里，先用 Wash 工具识别出了一台开启了 WPS 的 AP，该

AP 开启的 WPS 实例存在安全隐患。然后，再用 Reaver 工具获取了 AP 的 WPA 密钥和 WPS PIN。有了这些信息，就可以通过无线网络的验证，继续执行网络渗透测试。

尝试突破——速率限制

前面这个实验演示了如何攻击完全不受保护的 WPS 设置。有多种方法可用来进一步加固 WPS 设置，无须将其完全删除。

请读者随便将 WPS PIN 设置为一个值，用 `reaver` 工具再次尝试破解，看看能否破解成功。

请读者找一台无线路由器，这台路由器要支持对 WPS（认证）尝试做速率限制。然后，针对这台路由器发动 WPS 攻击，请读者自行调整攻击手段，以避免触发锁定。

11.3 探测抓包（Probe sniffing）

之前已经介绍过了各种探测手段，讲解了如何利用这些手段来发现隐藏的无线网络，以及有效发动无赖 AP 攻击。还可以利用这些手段来识别出个人，因为只需要动用最少的设备，就可以大规模地攻击并追踪这些人[1]。

连接无线网络时，无线客户端会发出探测请求帧，帧中会包含其 MAC 地址及其希望连接的无线网络的名称。可以使用诸如 `airodump-ng` 之类的工具来进行追踪。但是，要是想确定某人是否在特定的时间出现在特定的地点，或希望了解 WiFi 使用方面的趋势，则需要使用其他手段。

本节将会讲解如何利用 `tshark` 和 **Python** 来收集数据。本节会呈现相应的代码，还会对所有的实操进行解释。

---

① 原文是 "They can also be used to identify individuals as targets or track them on a mass scale with minimal equipment"，译文按原文字面意思直译。——译者注

11.4　动手实验——收集数据

请读者按以下步骤行事。

1．首先，要用一台无线设备来搜寻多个无线网络。通常，一部普通的智能手机（比如，Android 或 iPhone 手机）就可以满足要求了。用台式机一般不会有太好的目标，因其总是会被安置在同一个地方。新款 iPhone 和 Android 设备可能会禁止或混淆探测请求，请在放弃之前进行检查①。

2．无线设备到手之后，请确保其 WiFi 功能已经开启。

3．登录 Kali Linux 主机，设置监控模式接口，在之前的实验里已经设置过很多次了，如图 11.7 所示。

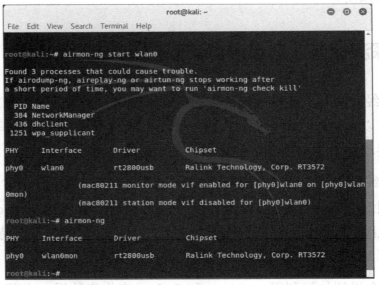

图 11.7

4．执行以下命令，用 tshark 工具过滤并查看探测请求（帧），如图 11.8 所示。

---

① 原文是 "Newer iPhones and Android devices may have probe requests disabled or obfuscated, so do check before you give up"，译文按原文字面意思直译。——译者注

```
tshark -n -i wlan0mon subtype probereq
```

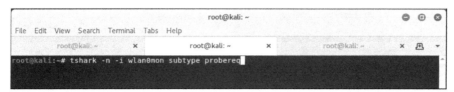

图 11.8

5．上面那条命令的输出不那么直观，因为 tshark 工具默认生成的输出并不追求可读性，追求的是尽量提供更多的信息。该命令的输出如图 11.9 所示。

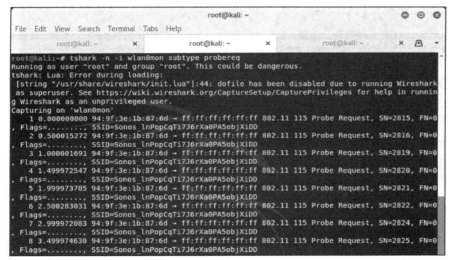

图 11.9

6．在图 11.9 所示的输出中，能清楚地看到探测请求帧所包含的 MAC 地址和 SSID；可执行下面这条命令，让 tshark 工具生成更具有可读性的输出，如图 11.10 所示。

```
tshark -n -i wlan0mon -T fields -e wlan.sa -e wlan.ssid
```

图 11.10

7.　由图 11.11 可知，这回，tshark 工具生成的输出可读性更强。

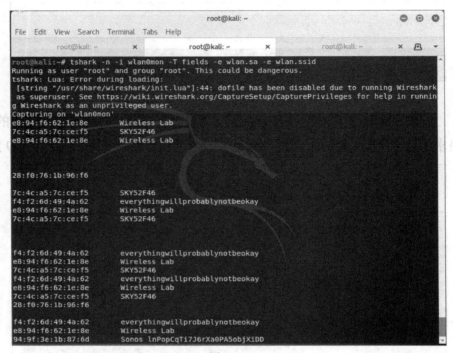

图 11.11

8.　让 tshark 工具生成了可读性更强的输出之后，下一步该做什么呢？要做的是创建一个 Python 脚本，使其在执行上述 tshark 命令的同时，记录输出，供日后分析。在执行脚本之前，要确保监控接口已准备就绪，而且还得在当前目录下创建一个名为 results.txt 的文件。Python 脚本如下所示：

```
import subprocess
import datetime
results = open("results.txt", "a")
while 1:
    cmd = subprocess.check_output(["tshark -n -i wlan0mon -T
fields -e wlan.sa -e wlan.ssid -c 100"], shell=True)
    split = cmd.split("\n")
    for value in split[:-1]:
        if value.strip():
            splitvalue = value.split("\t")
```

```
MAC = str(splitvalue[0])
SSID = str(splitvalue[1])
time = str(datetime.datetime.now())
results.write(MAC+""+SSID+""+time+"\r\n")
```

以下是对上述 Python 脚本的简单描述。

- `import subprocess` 和 `import datetime`：作用是引用 `subprocess` 和 `datetime` 库。`subprocess` 库允许脚本从 Linux 命令行监视接口，`datetime` 库允许脚本获取精确的时间和日期。

- `results = open("results.txt", "a")`：作用是以追加写入权限的方式，打开一个文件（`results.txt`），并将其赋予 `results`。追加写入权限是指只允许脚本在文件中添加内容。这就使得文件中之前的内容不被覆盖。

- `while 1`：该行语句表示脚本在停止之前持续运行。

- `cmd = subprocess.check_output(["tshark -n -i wlan0mon -T fields -e wlan.sa -e wlan.ssid -c 100"], shell= True)`：作用是打开一个 shell，在其中执行由双引号括起来的 `tshark` 命令，之前曾讲解并测试过类似的 `tshark` 命令。前、后两条 `tshark` 命令唯一的区别是，后者多一个标记 `-c 100`，该标记的作用是将命令限制为 100 次查询。这样一来，无须停止程序，便能返回结果。由于该脚本会持续不断地运行，因此在写完结果之后，还会重新执行。该行语句会接受来自 shell 的输出，并将其赋予变量 `cmd`。该脚本会对 `tshark` 抓到的探测请求帧计数，计数到 100 时会停止，然后重新执行。也就是说，若要让该脚本终止执行，必须杀死相关进程。

- `split = cmd.split("\n")`：先取变量，再按行分割。

- `for value in split[:-1]`：针对输出中的每一行，重复接下来的动作，忽略包含头部的第一行。

- `if value.strip()`：在继续处理非探测请求帧之前，检查值是否为空。

- value = value.split("\t")：使用制表符（tab）作为分隔符，将每一行分为更小的文本块。

- 以下三行的作用是，将每个文本块都分配给一个变量：

```
MAC = str(splitvalue[0])
SSID = str(splitvalue[1])
time = str(datetime.datetime.now())
```

- results.write(MAC+""+SSID+""+time+"\r\n")：取所有的值，将这些值写入一个由空格符分隔的文件。为清晰起见，会以回车符结束，并另起一行。输出将会以整齐划一的格式写入文件 results.txt。

实验说明

前面的实验使用 Python，以探测请求帧作为输入，并将其输出至文件。读者可能会问，其目的何在。执行原始的 tshark 命令时，在其后添加 >>results.txt 参数难道达不到相同的目的吗？当然可以达到相同的目的，但是，之前通过 Python 创建的脚本是一个框架，可与其他工具、可视化平台、数据库以及服务集成在一起。

比方说，利用将 SSID 与位置"挂钩"的 WiGLE 数据库，就可以通过添加几行代码，取 SSID 变量，查询 WiGLE 数据库。当然，也可以架设 MySQL 数据库，并录入结果，针对其执行 SQL 命令。本节为需要自行定制探测监视工具的读者打开了一扇窗。通过实验并使用本节给出的简单的代码作为起步，读者可以自行定制大量有用的工具。

尝试突破——开拓思路

请读者自行研究哪些工具可用于可视化或数据分析（visualization or data analytics），并且能够很方便地与 Python 紧密集成。像 Maltego 这样的工具有免费的版本可用来绘制信息[1]。

---

[1] 原文是 "Tools such as Maltego have free versions that can be used to plot information"。——译者注

请读者自行架设 MySQL 数据库，用其记录数据，并重新改编之前的 Python 脚本，将结果录入数据库。然后，再另写一个脚本（或改编之前的脚本），来获取数据并将其输出至 Maltego。

请读者改编之前的脚本，去查询 WiGLE，并根据探测请求帧，收集与归属地有关的数据。通过 Maltego 输出这些数据。

请读者试着用 Flask、Django 或 PHP，架设基于 Web 的前端（web-based frontend）来显示结果。请读者评估当前现有的展示数据的解决方案，并试着模仿这些解决方案，或与提出解决方案的人协商，来改进这些解决方案。

11.5　总结

本章讨论了自本书首版问世以来发生的针对 WPS 的攻击，并创造性地提出将无线工具与 Python 整合在一起。本书就这样结束了，但愿本书能集知识性和趣味性于一体。

随堂测验答案

第 1 章 搭建无线实验环境

随堂测验——基本知识的掌握

Q1	执行 `ifconfig wlan0` 命令。在该命令的输出中，若能看到 UP 标记，则表示 Kali Linux 主机的无线网卡可以正常运作
Q2	若希望 Kali Linux 在重启之后配置或脚本之类的文件不丢，则需要一块硬盘
Q3	能获悉本机的 ARP 表
Q4	应使用 WPA_Supplicant

第 2 章 WLAN 及其固有的隐患

随堂测验——WLAN 数据包的抓取及注入

Q1	3
Q2	3
Q3	1

第 3 章　规避 WLAN 验证

随堂测验——WLAN 验证

Q1	4
Q2	2
Q3	1

第 4 章　WLAN 加密漏洞

随堂测验——WLAN 加密漏洞

Q1	3
Q2	1

第 5 章　攻击 WLAN 基础设施

随堂测验——攻击 WLAN 基础设施

Q1	1
Q2	1
Q3	1
Q4	4

第 6 章　攻击无线客户端

随堂测验——攻击无线客户端

Q1	1
Q2	1
Q3	2
Q4	4

第 7 章　高级 WLAN 攻击

随堂测验——高级 WLAN 攻击

Q1	2
Q2	2
Q3	4
Q4	1

第 9 章　攻击 WPA-Enterprise 和 RADIUS

随堂测验——攻击 WPA-Enterprise 和 RADIUS

Q1	2
Q2	2
Q3	4
Q4	2